智能光学遥感微纳卫星系统设计方法

刘敏时 刘 英 赵 峰◎著

U0300220

人民邮电出版社

北 京

图书在版编目（CIP）数据

智能光学遥感微纳卫星系统设计方法 / 刘敏时，刘
英，赵峰著. -- 北京 ：人民邮电出版社，2021.9
ISBN 978-7-115-56877-9

Ⅰ. ①智… Ⅱ. ①刘… ②刘… ③赵… Ⅲ. ①光学遥
感－遥感卫星－系统设计 Ⅳ. ①V474.2

中国版本图书馆CIP数据核字(2021)第131127号

内 容 提 要

本书分别介绍了光学遥感微纳卫星和智能微纳卫星的发展现状，光学遥感卫星设计任
务分析，微纳卫星系统总体设计方法，卫星系统总装、测试及试验方法，微纳卫星系统项
目实施规划方法，并针对微纳卫星系统中两个重要的关键分系统，介绍了低成本、高集成
度的综合电子设计方法及微纳卫星光学载荷设计方法，最后对智能光学遥感微纳卫星进行
了展望。

本书知识系统完整，理论联系实际，紧跟时代前沿技术，对未来智能遥感卫星系统设
计具有一定的理论指导意义。本书可作为卫星系统设计、光学载荷设计、卫星产品开发人
员的专业技术参考书。

- ◆ 著　　　　刘敏时　刘　英　赵　峰
　　责任编辑　邢建春
　　责任印制　陈　犇
- ◆ 人民邮电出版社出版发行　　北京市丰台区成寿寺路 11 号
　　邮编　100164　　电子邮件　315@ptpress.com.cn
　　网址　https://www.ptpress.com.cn
　　大厂回族自治县聚鑫印刷有限责任公司印刷
- ◆ 开本：700×1000　1/16
　　印张：12　　　　　　　　　　2021 年 9 月第 1 版
　　字数：222 千字　　　　　　　2021 年 9 月河北第 1 次印刷

定价：119.80 元

读者服务热线：**(010)81055493**　印装质量热线：**(010)81055316**
反盗版热线：**(010)81055315**
广告经营许可证：京东市监广登字 20170147 号

前　　言

空间光学遥感作为人类感知地球的一种手段，其应用已经广泛深入地球资源普查、环境监测、大气探测、自然灾害监测等领域。空间光学遥感卫星作为空间光学遥感的直接载体，正以其前所未有的观测能力，为人类的生产和生活作出重要的贡献。

随着空间技术的发展，卫星系统的特点已经从传统追求大而全，逐步发展为追求智能、灵巧、分布式，这对卫星系统的成本控制和研制周期提出了更高的要求。因此，卫星系统的设计手段和研制模式正逐步被颠覆和改进。本书着眼光学遥感应用，总结了微纳卫星系统、光学载荷前沿设计方法及研制模式，希望能够为我国遥感产业快速发展提供参考依据。

本书特色之处有两点。

- 实用性强，知识点易接收且理论联系实际。本书规避晦涩的专业术语，由浅入深，可满足学习及工作实践中对专业知识的需求，本书方法可直接用于指导开展实践工作，且卫星设计结构紧凑、成本低廉、满足智能化卫星系统要求。
- 追踪热点，紧跟前沿，具有时代性。本书以软件定义、智能卫星等前沿卫星技术为基础，进行系统设计方法介绍，本书还对基于深度学习理论的超分辨率遥感图像复原技术在卫星系统设计中的应用进行了介绍，可为后续智能光学遥感卫星系统设计提供重要参考。

本书可以作为卫星系统设计、光学载荷设计、卫星产品开发人员的专业技术参考书，航天专业学生专业技术指导书，同时，可作为广大航天科技爱好者的科普读物。

本书的研究工作得到了国家自然科学基金（61976124、61976125、61772139），山东省自然科学基金（ZR2017MF049），山东省高等学校科技计划（J17KA069），山东省社会科学汇划数字山东研究专项（20CSDJ35），烟台市科技计划（2017ZH065）等项目的资助。

　　感谢一同参与本书撰写的赵峰教授、刘英副研究员，同时感谢为本书提供技术指导和帮助的全体人员。特别感谢李林研究员、占丰研究员、崔占国研究员、姜连祥研究员、刘中伟研究员，感谢你们在宇航技术上给予的指导，你们是我航天事业上的启蒙者和领路人；感谢刘培强教授、李晋江教授、毛艳艳副教授，同时感谢张彩明教授、范辉教授，感谢你们在大数据及人工智能技术上给予的指导，也感谢你们对我科研和教学工作的无私帮助；最后，感谢王晓曼教授、王肇圻教授、王建立研究员、王斌研究员，师恩难忘，感谢你们在光学、电子学技术上给予的指导。

　　由于撰写时间和作者水平有限，书中难免会存在缺点和错误，敬请读者批评、指正和帮助，感谢所有为航天事业默默奉献的辛劳工作者，向全体航天人致敬！

刘敏时

2021 年 7 月 5 日

目　　录

第1章

概　　述

1.1　卫星光学遥感

光学遥感通过光学手段实现对遥远信息的感知，即通过各种非接触、远距离的光学遥感探测和信息获取技术来进行感知。光学遥感技术为机器安装上了"眼睛"，能够让机器代替人类，随时随地帮助人类获取想要"看"到的事物。光学遥感作为观测的手段，能够搭载到不同的平台上，如飞机、舰船、陆地观测点等。卫星光学遥感作为光学遥感中重要的平台搭载方式之一，将光学遥感设备搭载在卫星的平台上，通过远距离、大角度、全视野来实现对地球上有用信息的观测，已经成为人类生产生活中必不可少的元素之一。

卫星光学遥感包括两个重要的组成部分：一部分是实现光学遥感的光学载荷，如可见光、红外线、微波等遥感仪器；另一部分是卫星平台，携带载荷并保障载荷能够安全、可靠地在轨道中运行。这两部分在卫星光学遥感技术的发展过程中缺一不可，且相辅相成。因此，研究卫星光学遥感的过程既是研究如何提高光学遥感技术水平的过程，又是逐步提高卫星平台综合能力的过程，即能够保证光学遥感载荷稳定功能，提供更强的资源承载、更智能的计算及处理能力，使平台及载荷协同工作，发挥最大效能。针对这两个组成部分，有专家提出了平台载荷一体化的设计思路，即平台载荷协同设计，以发挥资源的最大效能。

卫星遥感技术是一种综合性的科学技术，集中了空间、电子、光学、计算机通信和地学等学科的发展成果。随着微机电系统（MEMS，Micro-Electro-Mechanical System）技术发展、轻型材料的研发，微纳卫星以其成本低、响应快等能力，逐步成为商业航天市场的主流趋势。

1.1.1　卫星光学遥感系统组成

遥感技术体系是实现对目标识别的理论、方法、设备和技术的总称。卫星光学遥感能够发挥其应有的价值，是卫星光学遥感系统综合作用的结果。按照遥感技术理论，一个典型的遥感技术系统包括空间信息获取系统、遥感数据传输与接收系统、遥感数据处理系统、遥感信息提取与分析应用系统。卫星光学遥感系统按照遥感系统模式，由一个庞大的天地一体化遥感数据采集与应用系统发挥作用。

卫星光学遥感系统按照遥感技术理论提出的典型模式，其组成包括遥感卫星或遥感卫星星座、测运控站或中继卫星、地面数据应用中心。

（1）遥感卫星或遥感卫星星座在卫星平台上搭载遥感类载荷，进而实现遥感数据的信息获取。遥感数据信息暂存在遥感类载荷或卫星平台上，待经过测运控站时，将卫星数据下传。

（2）卫星经过测运控站时，将遥感数据由卫星平台传至地面，接收到的遥感数据将被转至地面数据应用中心；中继卫星也可以成为遥感数据的传输通道。

（3）地面数据应用中心完成对数据的处理、数据的分析、有用信息的提取等工作，将卫星采集到的原始数据，处理为人们能够应用的不同级别的应用产品。例如，可以从地面数据应用中心获得原始图像数据；也可以从地面数据应用中心获得经过校正后的图像数据，同时可以直接获得是否有火灾、火灾面积等应用级的信息数据。

1.1.2　卫星光学遥感的分类

卫星光学遥感的发展经历了逐步磨合、发展的科研过程。卫星光学遥感技术是在遥感技术的基础上发展起来的。卫星遥感技术是自 20 世纪 60 年代在航空摄影和判读的基础上，随着航天技术、电子技术、计算机技术的发展，逐渐形成的综合性遥感测试技术。卫星光学遥感能够实现对全球范围的多层次、多视角、多领域的立体探测，是获取地球资源信息的现代高科技手段。

本节从不同的角度出发，对卫星光学遥感进行分类，完成特定的工作任务或应用。

1. 按照光学遥感的谱段进行分类

（1）紫外光学遥感

紫外光学遥感技术是基于紫外波段的太阳光被低、中、高层大气分别散射和被臭氧等微量气体强烈选择吸收的原理，进行遥感探测的。利用紫外光谱观测可以同时遥感整层大气密度和臭氧等三维分布，实现全球极光观测、大气辉光观测、全球紫外光谱观测等[1]。

（2）可见光光学遥感

可见光是人眼能够识别的波段，自然界中的各种颜色都涵盖在这个波段范围内，可见光光学遥感在大范围监测的基础上加上了色彩信息，有利于人们从图像上识别不同地物。可见光光学遥感是光学遥感中较为常见的遥感手段，可广泛应用于地球环境资源观测、资源普查、目标侦查等领域。

（3）红外光学遥感

近红外、短波红外、中红外、远红外和超远红外波段利用红外类载荷，探测地物、水体等反射的红外波段的辐射、反射信息。红外光学遥感能够感知温度信息，有重要的应用价值，如可以被广泛应用于反演气溶胶数据、沙尘天气探测、火灾监测等领域。

（4）多波段光学遥感

多波段光学遥感是指探测波段在可见光和红外波段，但被细分为若干个小段进行探测的遥感手段。多波段光学遥感具有空间信息，可以获得光谱信息，可以在成像的同时提炼得到更多的有用信息，进一步拓展了其相关的应用，被广泛应用于环境监测、大气探测、地球资源普查、自然灾害监测等领域。

2. 按照应用对光学遥感技术进行分类[2]

（1）资源调查和环境监测

资源调查和环境监测类卫星光学遥感的目的是监测与地球资源及环境相关的内容，如土地、农作物、森林、海洋、地质等利用情况或变化情况，也可用于城市规划以及环境灾害监测等。

（2）气象观测

气象观测类卫星光学遥感的目的是获取和大气及地表等相关的数据，并根据数据定制天气预报、天气预测、云图、冰雪覆盖图、环境和自然灾害监测等。

（3）海洋观测

海洋观测类卫星光学遥感是以海洋和海岸带作为观测和研究对象，用于进行海洋表面观测，如海流、海冰、水色、海水覆盖等观测；海洋植物及生物观测，如海水叶绿素、泥沙、海水热污染和水质等观测；还可用于水陆分界和岛屿等调查。

（4）空间摄影测量

空间摄影测量类卫星遥感包括二维和三维空间摄影测量，二维是观测研究目标的平面几何特性，三维是用于空间的立体测图。

（5）侦查和预警

侦查和预警类卫星主要是为了发现和识别重要的军事和经济目标，可用于战略情况获取、军事活动监测、导弹监测、核爆炸监测等。

（6）空间目标观测

空间目标观测类卫星光学遥感是用于在太空中对空间目标进行观测的，不受或很少受大气的干扰，对于识别、搜索空间目标具有独特优势。

1.1.3 卫星光学遥感特点

卫星光学遥感因其特殊的观测位置，搭载在卫星平台上，能够从空间的视角实现对地观测，有得天独厚的特点，主要表现为以下三方面。

观测范围广：卫星能够实现大面积的观测和普查，是其他陆地观测设备，甚至是航空光学遥感所不能比拟的，卫星光学遥感能够实现对城市轮廓、海域、沙漠等大范围、大面积的地面资源普查。

获取信息速度快、周期短：卫星以第一宇宙速度围绕地球运动，能够实现约 100 min 绕地球一圈，且卫星光学遥感正在逐步建成卫星光学遥感观测星座，星座的建设带来重访周期的大大提高，因此，通过卫星光学遥感观测星座，可以快速获取远距离的感兴趣区域图像信息。

获取信息量大：卫星光学遥感载荷种类繁多，能够实现从天空、陆地、海洋，到资源、矿产、水下、地下、冰层下等信息的观测，同时，卫星光学遥感不受地域、环境的限制，甚至不同的谱段可以不受天气的限制，因此，通过光学遥感能够方便及时地获取各种宝贵资料。

卫星光学遥感虽然增加了对地观测的幅宽，但同时带来了很难提高地面分辨率的问题，通常情况下，0.5 m 以下的地面分辨率，才能够对目标识别、侦查起到更大的作用，而 0.5 m 以下的地面分辨率的卫星往往造价昂贵；卫星光学遥感工作在特殊的轨道，必须按照轨道来运行，因此，像多数工作在太阳同步轨道上的微纳卫星，对一个位置的再次访问，受制于轨道运行轨迹，为了提高对观测区域的重访周期，需要建立观测卫星星座，这样才有可能实现对任意位置的实时观测。

1.2 光学遥感微纳卫星

1957 年 10 月 4 日，世界上第一颗人造地球卫星［伴侣一号（PS-1）］发射，从此，开启了人类漫游太空的旅程；1960 年 4 月 1 日，美国发射了世界上第一颗遥感气象卫星 [泰罗斯 1 号（TIROS-1）]，揭开了当代科学技术利用卫星遥感地球的序幕；1968 年 12 月 21 日，美国阿波罗 8 号（Apollo-8）发送回了第一幅地球影像，标志着人类开始以全新的视角重新认识地球。1999 年 10 月，我国第一颗以陆地资源和环境为主要观测目标的中巴地球资源卫星发射，标志着我国也成为具有高空间分辨率传输型资源卫星的国家。截至 2020 年年底，据不完全统计，全球共有 800 多颗遥感卫星在轨运行，其中，美国遥感卫星数量最多，中国在轨遥感卫星数量全球第二[3-10]。

1.2.1　国外光学遥感微纳卫星发展介绍

美国凭借强大的科技实力以及创新精神在微纳卫星领域占据着全球领先地位，在最近几年的卫星发射中占据了 40%～50% 的份额。美国空军研究实验室、美国国防高级研究计划局（DARPA）都投入了微纳卫星研究热潮中，而美国新型微小卫星公司的兴起也对微纳卫星产业发展做出了重要贡献。

英国的萨里大学独家拥有萨里卫星技术有限公司。该公司开发的 50 kg 级微纳卫星平台技术在世界范围内得到广泛应用。

俄罗斯高度重视质量越来越轻、费用越来越低的微纳卫星。俄罗斯在统一平台的基础上大量使用新型微小卫星，大幅提高其轨道卫星群的实力。

日本很重视发展微纳卫星，早在 1990 年就成立了小卫星研究会，一开始就把开发小卫星的重点放在了微纳卫星上。

1.2.1.1　美国光学遥感微纳卫星介绍

（1）"鸽群"系列卫星

美国行星实验室（Planet Labs）公司于 2014 年，先后 4 次发射"鸽群"（Flock）系列卫星，其中前 3 次成功，最后 1 次失败，共发射 93 颗卫星，成功发射 67 颗。

行星实验室公司希望通过快捷、廉价的高分辨率卫星图像，拓展对地观测图像用户群体，并利用其中蕴含的信息更好地解决人道主义、环境及商业问题。

"鸽群"系列卫星采用更低轨道实现了更高分辨率（达到 3～5 m），兼具了高分辨率、高重访周期的特性。这些卫星完全相同，均为 3U 构型、质量 5 kg、尺寸 10 cm×10 cm×34 cm。"鸽群"系列卫星大部分由 COTS 部件组装，包括光学相机，其结构如图 1-1 所示。

美国行星实验室公司低轨星座组网的方案比现有的光学遥感卫星具有明显优势。传统方案大多为分时单点观测（Point and Shoot Mode），同一时刻的观测范围有限，难以捕捉突发事件。"鸽群"依靠多星星座实现了全时段全区域覆盖

（Always-on Mode），重访率高，因此数据更新率得到大幅提高，更易捕捉突发事件，并且依靠自主任务控制实现高效星座管理。

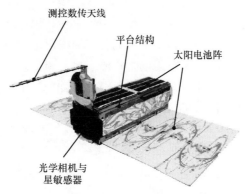

图 1-1　"鸽群"系列卫星结构

（2）SkySat 系列卫星

基于 Skybox 公司的授权设计，劳拉空间系统公司（SSL）建造了 13 颗 SkySat 卫星，SkySat 系列卫星每颗尺寸约为 60 cm×60 cm×95 cm，质量约为 120 kg，每颗卫星的设计寿命超过 6 年，于 2013 年发射了 6 颗。SkySat 系列卫星参数如表 1-1 所示。

表 1-1　SkySat 系列卫星参数

工作模式	参数	指标
图像模式	谱段	450～900 nm（PAN） 450～515 nm（B） 515～595 nm（G） 605～695 nm（R） 740～900 nm（NIR）
	GSD	0.9 m（PAN），2 m（RGB+NIR）
	幅宽	8 km
	文件格式	16 bit GeoTIFF
视频模式	谱段	450～900 nm（PAN）
	GSD	1.1 m
	幅宽	2 km×1.1 km
	持续时间	90 s
	帧频	30 帧/秒
	文件格式	MPEG-4（H.264）

（3）FalconSat-7 卫星

美国空军学院在 2014 年发射 FalconSat-7 卫星，这颗卫星采用波音公司（Boeing）的 Colony II 卫星平台。FalconSat-7 卫星的尺寸约为 30 cm×10 cm×10 cm，卫星计划发射到 450 km 的轨道，对地观测分辨率为 1.8 m。该项目可视为 DARPA 的 MOIRE 项目的初步演示验证，MOIRE 项目拟在地球同步轨道通过 20 m 直径的衍射薄膜实现高分辨率对地成像。

（4）MCubed-2/COVE

MCubed-2/COVE 是密歇根大学（University of Michgan）制作的 1U 立方体卫星，尺寸为 10 cm×10 cm×10 cm，质量小于 1 kg。

MCubed-2 使用 OmniVision 2M 像元 CMOS 片上相机（OV2655），能够获取优于 200 m 分辨率的地表图像，单幅照片 1 600 pixel×1 200 pixel（3.76 MB/image）。获取的图像经 Colibri PXA270 微处理器得到 1 280 pixel×1 024 pixel 图像，每个像元尺寸为 3.6 μm×3.6 μm。该 CMOS 相机有效焦距为 9.6 mm（平凸镜片）。

1.2.1.2 其他光学遥感微纳卫星介绍

（1）TUBSAT 系列卫星

The Institute of Aeronautics and Astronautics at Technische Universität Berlin 是德国久负盛名的宇航研究中心，由其实施的 TUBSAT 计划始于 1985 年，数代卫星均带有光学对地遥感载荷，其中 LAPAN-TUBSAT（如图 1-2 所示）带有一个地面分辨率 6 m 的彩色视频载荷。TUBSAT 系列卫星是全球可靠性最高的小卫星系列，累计在轨时间超过 40 年，TUBSAT-A 卫星在轨运行达 16 年之久。目前，基于 TUBSAT 平台已研发出总质量不超过 100 kg，空间分辨率 1.5 m 的彩色视频卫星。

高清彩色视频载荷

图 1-2 LAPAN-TUBSAT

LAPAN-TUBSAT 于 2007 年 1 月成功发射，设计寿命 2 年，目前超期服役，质量 56 kg，有效载荷包括一台高分辨率摄像机和一台低分辨率摄像机。LAPAN-TUBSAT 的高清视频主要用来监视火山喷发、森林砍伐、水面舰船等。LAPAN-TUBSAT 使用了大量的商业器件，这些器件均经过了严格的环境试验筛选。整星设计时遵循 KISS（Keep It Simple, Stupid）原则。

高分辨率摄像机主要由索尼公司的高清晰度 DXC-990P 型民用摄像机和尼康公司制造的 1 m 焦距、f/11 相对孔径的折射望远镜组成，空间分辨率 6 m，幅宽 3.5 km，包括支撑结构总质量为 7.8 kg。低分辨率摄像机由德国 Kappa 公司研制，使用 50 mm 焦距镜头，采用 752 像素×582 像素 CCD 面阵探测器，空间分辨率 200 m，幅宽 81 km。

（2）BRITE

BRITE（BRIght-star Target Explorer）旨在研究并观测太空中最亮的恒星随着时间更移恒星亮度所发生的变化，这也是纳米卫星首次应用在天文学上。BRITE 被称为有史以来最小的天文观测卫星，事实上，卫星不是一个，而是两个。双子星中的每一个都有着立方体的外观，每一边的长度只有 20 cm。

BRITE 质量 12 kg，尺寸 0.2 m×0.2 m×0.2 m，功耗 5.6 kW，太阳同步轨道，高度 786 km，遥感器每轨可工作 15 min（100 min）。BRITE 上的遥感器采用 5 镜片透射式光学系统，口径 30 mm，视场角 24°，分辨率 26.52 arcsec/像素，使用 kodak 的行转移 KAI 11002-M CCD，11 MB 像素，4 008 像元×2 672 像元，峰值量子效率 0.5，像元尺寸 9 μm，饱和电子数 60 000，谱段 390～460 nm 和 550～700 nm。

1.2.2　国内光学遥感微纳卫星发展介绍

我国光学遥感微纳卫星的研制一开始以科研院所为主，主要的应用目的多为技术验证、教学等，但近 5 年来，我国光学遥感卫星发展速度迅猛，形成了以"吉林一号"卫星星座、"珠海一号"卫星星座、"高景一号"卫星星座等具有代表性的商业光学遥感微纳卫星星座，并正在逐步建立健全光学遥感商业运营模式，未来我国的光学遥感微纳卫星技术一定会更加成熟、完善，为人民生产生活提供更多便利条件。

（1）"吉林一号"卫星星座

"吉林一号"卫星星座是由长光卫星技术有限公司研制的，卫星星座规划由 138 颗涵盖高分辨率、大幅宽、多光谱等系列的高性能光学遥感卫星组成。"吉林一号"卫星星座可对全球任意地点进行每天 8～10 次重访，具备全球一张图一年更新 2 次、全国一张图一年更新 7 次的能力，可为农林生产、环境监测、智慧城市、地理测绘、土地规划等领域提供高质量的遥感信息和产品服务。

"吉林一号"卫星是"吉林一号"系列卫星星座的首发星，于 2015 年 10 月 7 日发射入轨，开创了我国商业卫星应用的先河，"吉林一号"采用的是高分辨率推扫影像模式，实现了米级高清动态视频成像，同时，该星进行了相关技术验证，如以灵巧方式在轨成像验证、国产 CMOS 技术在轨验证等。

截至 2021 年年初，"吉林一号"卫星系列星座已发射在轨 16 颗，包括视频 01～02 星、灵巧验证星、视频 03 星、视频 04～06 星、视频 07～08 星、光谱 01～02 星、高分 03A 星、高分 02A 星、高分 02B 星、宽幅 01A 星。"吉林一号"卫星星座依赖于现有的卫星星座，每天重访能力达到 4～6 次，单日访问目标数 300 个，单日获取面积 220 万平方千米，有效面积约 130 万平方千米，其中 5 m 的地面分辨率图像占比 70%。同时，"吉林一号"卫星星座的遥感影像已广泛应用于国土资源监测、土地测绘、矿产资源开发、智慧城市建设、交通设施监测、农业估产、林业资源普查、生态环境监测、防灾减灾及应急响应等领域。

（2）"珠海一号"卫星星座

"珠海一号"卫星星座是由珠海欧比特宇航科技股份有限公司投资研发的，根据设计及规划，"珠海一号"卫星星座由 34 颗遥感微纳卫星及众多地面系统组成，卫星星座立足于高空间、高光谱、高时间分辨率等特点，获得高质量、海量的卫星大数据，并通过卫星大数据，形成高附加值的卫星大数据产品。一方面，为政府、行业以及消费类等客户，提供新型的卫星大数据产品及服务；另一方面，支撑创新企业基于这些高附加值的卫星大数据进行二次开发等应用处理，形成更具应用价值的高附加值的技术产品。

"珠海一号"卫星星座包括 2 颗 OVS-1 视频卫星、10 颗 OVS-2 视频卫星、10 颗 OHS 高光谱卫星、2 颗 OUS 高分光学卫星、2 颗 OSS 雷达卫星和 8 颗 OIS 红外卫星。其中，第一颗 OVS-1 视频试验卫星于 2017 年 6 月 15 日发射入轨，该卫星质量为 50 kg，地面分辨率在 530 km 轨道为 1.98 m，采用凝视加条带成像模式，最长可录制视频时间为 90 s；第一颗 OVS-2 视频卫星于 2018 年 4 月 26 日发射入轨，该卫星质量为 90 kg，地面分辨率在 500 km 轨道为 0.9 m，采用凝视加推扫成像模式，最长可录制视频时间为 120 s。

1.2.3　我国光学遥感卫星数据应用发展介绍

光学遥感卫星数据在人民生产生活中发挥重大的作用和价值，仅依靠卫星星座的建设，还远远不够，需要建设与之相匹配的、完善的数据应用系统，来支持光学遥感微纳卫星数据的推广，与此同时，能够为星座的建设提供科学的依据。我国自 20 世纪 70 年代以来，高度重视空间遥感技术的发展和应用，建成了多个卫星数据应用中心，为数据应用提供坚实的保障。随着技术的投入和科学的产出，我国在遥感应用系统的建设取得了突出的进展。

（1）中国科学院资源环境科学与数据中心

中国科学院资源环境科学与数据中心是于 2003 年 8 月 2 日成立的中国科学院知识创新工程非法人研究单元。该中心的建设目标为以现代空间信息技术为支撑，实现国家资源环境科学数据的系列产出与国家相关部门数据的科学再加工与集成，创建地理科学与资源环境研究时空数据平台和数值模拟研究平台，形成国际一流的陆地表层系统科学数值研究环境，以促进数据共享，支持资源环境科学研究，满足国家对可持续发展战略决策信息的迫切需求，全面支持资源环境科学研究方法论的改造和知识创新。该中心是我国三大卫星应用中心之一。

（2）国家级资源环境宏观信息服务体系

该服务体系包括以中国 1:250 000 土地利用数据为核心的国家资源环境空间数据库，两个部级服务系统，三个省级示范系统及 5 个县级服务系统，珠江三角洲地区"4D"［数字高程模型（DEM）、数字正射影像库（DOQ）、数字专题地图库（DRG）和数字专题信息（DTI）］技术系统以及全国资源环境信息技术系统。

（3）遥感数据库

遥感数据库是由国家自然灾害防治研究院负责建设的，该研究院依托天、空、地一体化观测技术，发展三维地震构造模型、地壳应力应变状态、地震孕育与发生机理等研究，为有效减轻地震与地质灾害风险提供技术支撑。

（4）国家地球系统科学数据中心

国家地球系统科学数据中心是围绕地球系统科学与全球变化领域科技创新、国家重大需求与区域可持续发展，依托中国科学院地理科学与资源研究所共享共建，开展国家科技计划项目数据汇交的规模最大的地球系统科学综合数据库群。

国家地球系统科学数据中心按照"圈层系统-学科分类-典型区域"多层次开展数据资源的自主加工与整合集成，已建成涵盖大气圈、水圈、冰冻圈、岩石圈、陆地表层、海洋以及外层空间的 18 个一级学科的学科面广、多时空尺度、综合性的国内规模最大的地球系统科学数据库群，建立了面向全球变化及应对、生态修复与环境保护、重大自然灾害监测与防范、自然资源开发利用、地球观测与导航等学科领域主题数据库 115 个，数据总量超过 2 PB。

我国商业化光学遥感卫星数据应用中心相对较少，科研实力相对较弱，相信商业卫星星座的快速部署及建立，一定会有效带动商业光学遥感卫星数据应用技术的发展。

1.3　智能微纳卫星发展现状

卫星是由不同功能的光、机、电设备组合而成的，由中心计算机控制，完成在轨道上的特定任务。随着计算机技术、微电子技术、人工智能技术的发展，人们已经不再满足于卫星系统实现特定的卫星任务，而是提出了是否能够利用一颗卫星实现更多的功能，或者是否一颗卫星在需要的时候，改变其任务模式，甚至具备超强的学习能力，能够自主学习并完善卫星自身系统，这使卫星朝着更"智能"的角度发展。

如何进一步提高卫星的智能化程度，是研究人员不断在思考的问题，以卫星智能化需求为牵引，人们逐步提出了以软件定义卫星、人工智能技术与卫星技术结合等为代表的智能卫星研究方向。

1.3.1　软件定义卫星

软件定义卫星是指以计算为中心，以软件为手段，通过软件定义无线电、载荷、数据处理计算机、网络等，将传统上由分系统实现的通信、载荷等功能以软件方式实现，总体上将各类敏感器和执行机构通过软件连接为一个整体，最终实现大部分卫星功能的软件化。软件定义卫星的提出，是希望能够以更高效能的计算机处理平台作为依托，通过开放的系统架构，有效支持载荷即插即用、应用软件按需加载、快速重构卫星等功能，从而灵活支持多种应用任务以及多种类型用户。软件定义卫星希望具备的功能包括系统需求能够按需制定、开放式系统架构硬件资源可以按需重组、软件应用可根据任务要求自主规划并执行等。

作为卫星智能化的重要发展方向，已经有多个公司开启了软件定义卫星的研制[11-14]。

（1）SmartSat 软件定义卫星

SmartSat 软件定义卫星是由美国洛克希德·马丁公司（LMT）设计研发的，该卫星采用了 SmartSat 软件定义卫星技术架构，能够实现在轨弹性和灵活地改变任务需求与技术，极大提升了在轨信息处理能力，可以通过软件推送来改变或增加卫星功能并分配新的任务。SmartSat 具有的优势包括：可动态调整天线工作频率和通信速率；可改变卫星对地通信覆盖区域；首次在卫星上采用多核高性能处理器，增强了星上数据处理能力；采用标准平台架构，减少整星集成时间，可以批产。

SmartSat 本质上是一个操作系统，或者说是一个操作环境，可以看作一个用于卫星的操作系统,程序员可以根据卫星的任务要求来上传所需的应用程序。这一系统也可以在 LMT 的全品类航天器上运行,包括最小的立方星和最大的 GEO 卫星。SmartSat 软件定义卫星技术架构的设计,使卫星变得像一部智能手机,靠应用程序支撑,人们可以像在智能手机上一样启动和停止这些应用程序。

SmartSat 软件定义卫星的成功得益于该卫星所采用的星载计算机,该款星载计算机是由美国国家科学基金会下属的太空、高性能和弹性计算中心研制的,具备高功率、抗辐射等特点。SmartSat 采用虚拟机技术,充分利用星载多核处理器,可在同一台计算机中同时虚拟运行多个服务器,最大限度地提高内存利用率、星上处理能力和网络带宽,使卫星可以在轨处理更多的数据。同时,人们可以下传关键和相关的信息,进一步节省带宽成本、减轻地面站负担。

(2) GSky-1 软件定义卫星

GSky-1 软件定义卫星是由美国银河天空自主研发的,该卫星采用了银河天空自主研发的软件定义卫星专利技术 GalacticSky™,添加了基于云的智能层。GalacticSky™将现代计算硬件与一组 GalacticOS™软件服务结合在一起,通过 GUI 或一组 REST API,使如卫星应用程序的调度、部署、监视和管理资源等任务变得简单。

(3) OneSat 软件定义卫星

OneSat 软件定义卫星是由欧洲空中客车公司研发的,该款卫星平台是在空中客车欧洲之星电信卫星平台的基础研发的,可以实现在轨道上完全重新配置,能够调整其覆盖范围、容量、频率等技术指标。空中客车公司凭借 OneSat 软件定义卫星平台,赢得了与国际海事卫星组织 Inmarsat 商业公司的合作。

(4)"天智一号"软件定义卫星

"天智一号"软件定义卫星是我国首颗专门用于验证软件定义卫星关键技术的试验卫星,是由中国科学院立项,中国科学院软件研究所牵头研制,中国科学院微小卫星创新研究院、光电研究院、西安光学精密机械研究所以及航天科技集团 771 所等单位参与联合研制的。

"天智一号"是一颗以软件为主的卫星,主要载荷为能耗低、计算能力强的小型云计算平台,用来执行空中应用程序,其载荷还包括搭载经过加固的 4 部国产智能手机。与传统卫星面向单一任务定制开发、自成封闭体系不同,"天智一号"侧重于提供集成通用软件的平台化解决方案,开发适合不同卫星平台的航天软件,并推出"航天应用商店",以丰富空间生态应用,让用户有更多选择。

"天智一号"卫星具有三大特色优势:一是智能程度高,卫星所获的大部分数据处理可在轨完成,根据需要下传地面;二是卫星为开放型系统,所有人可以为卫星开发软件,并可根据一定流程将开发的软件上注卫星,开展在轨试验;

三是卫星的实时状态，所有人可以通过手机利用"追星 App"访问查询，并指挥卫星在轨实时执行"太空自拍"等空间任务。

"天智一号"的在轨试验取得了大量阶段性成果，对多项新技术进行了在轨试验验证，如通过软件上注的方式成功开展了星箭分离成像、自主请求式测控、空间目标成像等 10 多项在轨试验，涉及智能测运控、智能信息处理等方面。

基于软件定义的卫星，希望在相同的硬件平台和资源条件下，实现功能的重新配置。功能的重新配置是指在重新赋予卫星新的工作任务的时候，卫星能够迅速变换角色，结束当前工作任务，开启新的工作任务的执行。软件定义卫星实现功能重新配置的方式为软件重新配置，即可以是不同软件线程的切换、软件的重构或软件的上注更新等。通过软件定义的卫星，能够最大化卫星的资源利用率，进而减少卫星的制造成本、缩短新卫星的研发周期等。

综上所述，基于软件定义卫星的发展有两个关键环节：一是需要一个高性能的硬件计算平台；二是开放式的软件操作系统架构及程序设计。

（1）高性能的硬件计算平台

高性能的计算平台通常为卫星核心的高性能中心计算机，这意味着为卫星安装了一个功能强大、思维敏捷的"大脑"。高性能体现为计算速度快、存储容量大、可扩展能力强，能够满足未来对于智能卫星提出的计算和存储要求；同时，随着微电子技术的发展，高性能硬件计算平台在不减少甚至增加功能及性能的前提下，仍进一步减小体积、降低功耗，同时具备抗辐照等能力。

（2）开放式的软件操作系统架构及程序设计

计算机能够完成任务的核心是计算机上运行的操作系统以及功能软件，除常规的采用应用程序的设计方式来进行不同功能应用程序的切换外，还希望计算机操作系统能够更开放、扩展性更强、灵活程度更好，同时，希望软件能够尽可能节约有限的资源。

通过软件定义的方式来设计和制造卫星，是希望卫星能更智能，因此，除以上功能和特点外，研究人员还希望未来的智能卫星具备以下能力。

"学习"的能力：卫星是实际运行在轨道环境中的个体，能够感知和获得来自卫星周围的信息和数据，同时，卫星的载荷多数是用来获得信息的载体，因此，面对如此海量的数据，希望卫星能够具备"学习"能力，通过学习获得海量数据中蕴含的关系，获得真正有价值的信息，并能够更新自身的学习体系，实现更进一步的学习。

"自主"的能力：传统的卫星在轨道上运行的过程中，依赖于卫星中固有的程序，但事实上，研究人员更希望卫星可以在具备"学习"能力的基础上，优化自身系统，具备"自主"的能力，如自主任务规划的能力、自主健康管理的能力、自主故障恢复的能力等。

"安全"的能力：更智能，必将会带来它的负面效应，因此，在每一步智能的道路上，都需要把好安全关，如卫星的运行要更安全、卫星的任务操作要更安全、卫星数据及网络间通信要更安全。

如何更进一步提高卫星的智能程度？随着计算机技术及微电子技术的不断发展，人工智能技术已经实现从概念到应用的转变，通过在卫星中引入人工智能技术，不但可以使卫星更智能，还能够进一步提高和发挥载荷的性能和作用，这将成为智能卫星的重要发展方向之一。

1.3.2 人工智能技术

人工智能是研究、开发用于模拟、延伸和扩展人的智能的理论、方法、技术及应用系统的一门新的技术学科。人工智能是计算机科学的一个分支，它期望了解智能的实质，并生产出一种能以人类智能相似的方式做出反应的智能机器，该领域的研究包括机器人、语言识别、图像识别、自然语言处理和专家系统等。尼尔逊（Nilsson）教授对人工智能下了这样一个定义："人工智能是关于知识的学科，怎样表示知识以及怎样获得知识并使用知识的学科。"美国麻省理工学院的温斯顿（Winston）教授认为："人工智能就是研究如何使计算机去做只有人才能做的智能工作。"这些说法反映了人工智能学科的基本思想和基本内容，即人工智能是研究人类智能活动的规律，构造具有一定智能的人工系统，研究如何让计算机完成以往需要人的智力才能胜任的工作，也就是研究如何应用计算机的软硬件来模拟人类某些智能行为的基本理论、方法和技术。

人工智能自诞生以来，理论和技术日益成熟，应用领域也不断扩大，其技术的发展方向包括以下几个方面。

（1）统计机器学习

自动将模型与数据进行匹配，并通过训练模型对数据进行"学习"。通过统计机器学习，能够更全面理解数据的内部结构，进而，挖掘得到更具有价值意义的信息，特别在面对大数据时，统计机器学习能够得到高度精细的分析结果。

（2）人工神经网络与深度学习

人工神经网络是从信息处理的角度对人脑神经元网络进行抽象，建立某种简单模型，按不同的连接方式组成不同的网络。深度学习则是在神经网络的基础上，以神经网络作为基本模型，通过多层数的神经网络的连接，来学习数据特点，并不断改变神经网络相关参数，进而实现高精度的推理、决策等应用。

（3）基于规则的专家系统

专家系统是指根据领域的系统知识建立起来的推理系统。基于规则的专家系统包含 5 部分：知识库、数据库、推理引擎、解释工具和用户界面。其中，知识库、推理引擎和解释工具是其核心模块，被称为专家系统内核，基于规则的专家系统能够实现推测以及推测结果的解释说明等。

（4）智能机器人

智能机器人是通过人的物理结构设计与强大的计算机（核心控制器），实现人类的思考、决策，并能够代替人类完成工作的机器人。随着人工智能技术的发展，机器人的感觉、感知、机能以及物理能有了大幅提高，不仅包括记忆、运算、比较、鉴别、判断、决策、学习和逻辑推理能力，还包括指力、速度、可靠性、联用性和寿命等。智能机器人已经能够代替或协助人类完成相应的工作，如制造业、建筑业，或其他危险行业，它可在工业、医学、军事等领域中具有重要的用途。

因此，人工智能技术以其强大的学习能力、预测能力能够帮助卫星及载荷在各方面提高功能和性能，甚至完成以往不可能完成的功能。人工智能在卫星领域可能交叉的方向及潜在的好处包括以下两方面。

1. 光学遥感与人工智能的结合

（1）超分辨率图像

图像获取的过程中，受到成像条件和成像方式等因素影响，系统不能获得全部原始信息场中的所有信息，使在成像的过程中，出现变形、模糊、下采样和噪声等，进而导致图像质量及分辨率下降。特别是在以卫星作为平台的光学遥感系统中，因为信息传输距离远，成像系统所受的空间及平台影响较多，成像分辨率及图像质量通常情况下很难保证。超分辨率图像复原技术，就是试图恢复成像过程中，已经丢失的成像系统截止频率之外的高频信息，进而实现图像质量的提高。随着人工智能技术的不断发展，人们提出了基于学习的超分辨率图像复原技术，即通过学习过程来获得先验知识，取代基于正则化方法中的平滑学术项，利用不同图像在高频细节上的相似性，通过学习算法，获得高分辨率和低分辨率图像之间的关系，以指导高分辨率图像的重建。搭载于卫星平台的光学系统，所受到影响的因素如卫星平台振动、大气传输、光学系统畸变、杂散光等，常常是平台本身所固有的，而如果单采用平台本身或载荷本身的技术手段来解决问题时，通常造价非常昂贵且不易实施，如果能够通过学习的方法实现补偿，则能在有效降低成本的基础上，获得高质量的图像结果。

（2）目标识别、侦查与打击

传统的卫星往往由于在卫星上计算能力及算法的局限性，不能实现快速的目标识别与在线处理。人工智能算法的一个重要应用就是识别与判断，因此，基于未来卫星的高性能的超算平台，可通过现有人工智能算法所建立的决策模型，实现高精度的目标识别，进而实现大面域内有用目标的侦查，并实现快速打击。例如，人工智能算法可以对空间碎片的有效防范和治理，提供坚实的保证，保障卫星的在轨运行安全。

（3）图像传输带宽资源节约

卫星通过学习、识别，能够更高效、精准获得有用信息，因而，有限且宝贵的带宽资源，可以用来进行更多有用信息的传输。

2. 卫星平台与人工智能的结合

（1）健康管理

很多卫星轨道上的卫星，并不能实现实时监视，当卫星在无法观测到的区域内出现较严重问题时，特别是影响到卫星能源的供给时，更可能造成卫星的丢失。因而，一直以来讨论的问题就是希望卫星能实现健康状态的自主管理和故障时能够进行自主故障恢复。通常情况下，卫星在轨故障的来源比较复杂，基于以往经验和简单的故障监测及处理软件，很难实现对卫星健康状态的精准判别，也就很难进行最优化的故障处置方案决策，而这两个恰好是人工智能算法的强项。因此，基于已有的卫星故障前后的状态数据，通过人工智能算法进行系统学习，进而获得内在的卫星故障或失效模式，实现卫星在轨故障精准识别和实时处理，甚至通过状态监视，实现故障的预判，提前针对故障进行处置。卫星成本往往非常昂贵，通过人工智能技术实现卫星在轨自主健康管理和故障处置，能够有效避免卫星失效、保障卫星安全、降低卫星运营成本等。

（2）自主任务规划

传统的卫星任务规划，是按照预设的模式，完成相应的任务，如果希望改变任务模式，则程序非常烦琐且安全隐患较大，因此，研究人员希望卫星能够具有一定的自主能力，当出现临时任务或临时情况时，能够通过以往经验数据的学习，具备一定任务规划能力，如能够通过以往的识别判断出火灾等自然灾害的发生，并自主规划在再次经过火灾事发区域时，自主进行姿态机动，并获得更多的图像数据和有用信息。

综上所述，智能化是未来卫星发展的主流趋势，并对卫星发挥综合效能起到事半功倍的效果。但是，智能卫星真正的实现还有很长的一段路，亟待解决的问题也很多。希望人工智能技术与航天技术能够并驾齐驱，为人类生产生活带来更多的惊喜和保障。

1.4 本章小结

光学遥感当搭载于不同的平台时，可以完成不同层级的信息感知，卫星光学遥感作为作用域最广、信息量最大的遥感层级，所采集的遥感信息为人类的生产生活带来了巨大的使用价值。

　　本章首先介绍了什么是卫星光学遥感、卫星光学遥感的系统组成、卫星光学遥感的分类以及卫星光学遥感的特点；然后，介绍了国内外光学遥感卫星及遥感数据处理的发展现状；最后，介绍了光学遥感卫星未来的重要发展趋势，探讨了基于软件定义的卫星技术发展现状以及人工智能技术在卫星中的应用方向及前景。

第 2 章

光学遥感卫星任务分析

　　光学遥感卫星可以广泛应用于地形地物的识别、农业调查、海洋观测、环境保护等领域，因此，卫星研制的最终目标是完成某种特定的应用任务，这就决定了卫星的研制是基于任务出发的研制模式。在卫星研制之前，需要全面了解所研制卫星需要完成的任务，即对任务进行分析，通过任务分析来量化确定卫星本身的功能及性能指标、卫星载荷的功能及性能要求、卫星姿态要求、载荷数据存储及传输要求等，进而指导卫星的设计和生产。

　　因卫星工作环境及其特殊性，同样需要对卫星所在的工作环境进行深入分析，根据空间环境分析结果，对卫星进行空间环境适应性设计和验证。

　　卫星通过运载火箭将其送入约定的轨道，因此，卫星在设计之初需要分析所搭乘的运载火箭及所到达的轨道，总结得到来自运载火箭及轨道对卫星的限定性约束。卫星与地面的通信需要通过特定频段的无线电波，每个卫星都需要申请和协调卫星能够使用的频率资源，卫星在设计之前，必须明确频率资源的限定条件，来指导卫星的设计和生产。

　　综上所述，卫星的研制受制于非常多的约束条件，只有深入剖析和全面了解卫星的约束条件，并将约束条件量化为指导卫星研制的功能及性能指标，才能为卫星的顺利研制和成功应用提供有力的保障。卫星大系统接口框图如图 2-1 所示。

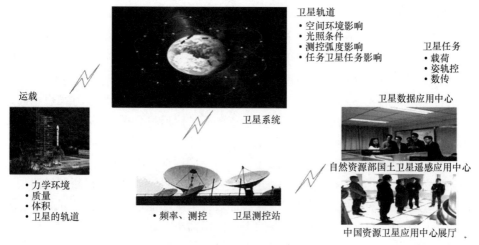

图 2-1　卫星大系统接口框图

2.1　卫星应用任务

　　卫星的研制是需要基于特定任务来完成的，因此，需要深入分析特定任务，并将特定的任务转化为对卫星的功能要求，将任务要求达到的效果转化为对卫星的性能要求，进而能够指导卫星系统的设计。

　　针对卫星应用任务，主要剖析的内容是卫星到底要实现什么样的功能任务，并且任务要达到的要求是什么。而该任务要求，通常是指导卫星载荷分系统的设计依据，通过该设计依据，在可行性论证阶段，给出载荷的基本方案和基本任务规划，确定能够通过现有的技术手段，实现卫星的应用任务。有时，光学遥感任务的特殊需求，会对卫星的姿态控制提出特殊的需求，这时，就要根据对姿态控制的特殊需求，提出对姿态控制系统的指标要求。同时，光学遥感类卫星的载荷通常为光学相机，其载荷产生的图像数据量往往比较大，因此，还需要考虑载荷数据对数据存储及传输所提出的要求。

2.1.1　应用任务的功能及性能

　　随着航天技术的发展及商业航天范畴的扩大，卫星应用已从传统的导航、通信、遥感发展到应用越来越专业、用途越来越精细，同时，卫星应用变得越来越具体和大众化。光学遥感卫星作为卫星的主要应用之一，更加发挥了重要的作用。微小卫星技术逐步的发展，使低成本卫星星座建设成本逐步降低，通过卫星星座的部署，进一步提高了卫星的重放周期，促进了光学遥感卫星应用的蓬勃发展。

光学遥感卫星按照应用的用途不同，可以被划分为侦查应用卫星、地球观测遥感卫星、气象观测卫星、摄影测量卫星等。

针对不同的光学遥感任务，其应用用途不一样，所采用的设计方案也不同，这就需要对卫星特定的应用任务进行系统分析，然后将分析结果以功能及性能指标的形式给出。

以地球观测遥感卫星为例，简述针对卫星应用任务的分析过程。通常情况下，首先确定卫星要实现对地面大面积的区域观测，尽可能实现观测图像清晰，同时，卫星能够对特定区域进行成像。像这样卫星功能性的描述，实际上就是针对卫星使用情形，提出的模糊性的卫星应用需求。这样的卫星应用需求，需要进一步细化分解，使其转化为指导卫星设计的功能性要求。例如，用户在模糊性的卫星应用需求中，定义了卫星需要实现大面积的区域观测，同时能够对特定区域进行成像，因此，可以将这个描述转换为一条对卫星功能的限定性要求，即该卫星必须具备多种对地成像模式，包括推扫成像模式、侧摆成像模式。

针对模糊性的卫星应用需求，需要转化为定量的技术指标要求。例如，用户要求大面积区域观测，可以转化为对卫星观测的幅宽要求，以千米为单位；用户要求实现尽可能图像清晰，可以针对卫星要观测具体物体的大小，来确定卫星观测的对地分辨率要求，以米为单位；同时，如果用户提出需要在多长时间内完成对某一地区的成像要求，可以转化为卫星观测时间分辨率、卫星轨道等限定性定量的指标要求。该类技术指标通常直接面向应用，因此，有时将其称为用户级指标。

通常情况下，应用任务的功能性能确定有两种情况：一种是用户给出模糊的应用需求，即卫星需要完成什么工作，然后由卫星系统设计及研制方协同用户一起，分析得到卫星的功能及性能指标；另一种是由用户直接提出卫星的功能及性能要求，卫星设计及制造方仅需要根据用户给定的功能及性能指标，将其作为系统的输入限定性条件，来开展系统设计。

2.1.2 载荷任务分析

与卫星应用任务有着直接相关性的卫星部件就是卫星载荷分系统，卫星载荷分系统是完成卫星应用的直接部件。卫星应用任务的功能和性能要求，直接决定了光学遥感载荷的系统功能及性能要求、载荷的基本设计方案以及载荷任务的规划方案。

2.1.2.1　光学遥感载荷的系统功能及性能要求

根据卫星任务不同，所要确定的光学遥感载荷技术指标也略有差别，通过对卫星应用任务功能及性能指标的分解，得到光学载荷的功能及技术指标，用以指导卫星光学遥感载荷初步方案的选择以及载荷的系统设计和生产。

1. 载荷的功能性指标

根据前文描述能够确定对卫星的功能要求。根据卫星的功能要求，来确定对载荷的功能要求，仍以地球观测遥感卫星为例，上文分析得到，卫星需要具备多种成像模式，对应到载荷的功能要求上，即光学载荷需要具备连续成像功能、拍照成像功能。针对特定的卫星应用，可能还需要载荷具备指令调焦、曝光时间调节等功能。

2. 载荷的技术指标

根据应用任务的用户级技术指标，同样需要将其转化为用于指导载荷研制生产的载荷技术指标要求，针对光学遥感载荷，在载荷任务分析阶段，通常关注并需要确定的载荷任务指标包括光谱特性、空间分辨率、幅宽、调制传递函数、质量、体积、功耗等。

（1）光谱特性

根据用户的实际应用需求，需要确定光学载荷的光谱特性。所需要确定的光谱特性，主要是谱段范围，针对专门用于多光谱或高光谱的光学载荷，还需要确定光谱分辨率以及谱段的宽度和数目。

谱段范围是指光学载荷获取图像来源的光谱段。不同的地物目标具有不同的光谱特性，不同的光学载荷具有其特定的光谱响应特性，因此，针对不同的用途，首先需要确定光学载荷的谱段范围。

针对多光谱或者高光谱光学载荷，还需要确定光谱分辨率以及谱段的宽度、数目等信息。光谱分辨率是指在光谱曲线上能够区分开的两个相邻波长的最小间隔，一般用波长的单位来表示。光谱分辨率越高，可分解的光谱数目越多，获得的光谱曲线越精细，即越能真实地反映地物目标的光谱特性，从而越精确地识别地物和进行分类。谱段宽度和数目的设置，可参考已经进行标定或者已经形成共识的经验谱段来设置。在谱段设计的过程中，需要考虑大气辐射传输效应，减少大气对辐射的衰减，同时，可增加载荷的辅助测量设备或大气校正的谱段，用于进行遥感数据的辐射校正。

（2）空间分辨率

空间分辨率是决定光学载荷效能的重要指标之一，对空间分辨率的定义各不相同。普遍认可的一种对于空间分辨率的定义是：瞬时视场对应的最小像元，或与探测器单元对应的最小地面尺寸，又称为地面像元分辨率。根据有关研究，地面分辨率和地面像元分辨率有如下关系[2]。

$$R_g = KG_p \qquad (2\text{-}1)$$

其中，R_g 为地面分辨率，G_p 为地面像元分辨率，K 为目标与背景对比度有关的换算系数。当目标与背景的对比度为低对比度时，K 的取值为 2.0～4.0，地面分辨率是地面像元分辨率的 2.0～4.0 倍；当对比度为高对比度时，K 的取值为 1.4～1.6，地面分辨率是地面像元分辨率的 1.4～1.6 倍。通常标准的目标对比度与背景对比度为 2.5:1.0，这种情况下，K 值可以取 2。

（3）幅宽

幅宽也可以称为像幅宽度，即卫星光学载荷能够覆盖地面的宽度。幅宽与地面分辨率指标都受轨道高度的影响，当轨道高度不同时，相同的光学载荷的幅宽和地面分辨率是不同的。

（4）调制传递函数

光学载荷系统可以看作一个线性系统，系统响应的傅里叶变换为系统的传递函数，其模的部分就是调制传递函数（MTF）。MTF 也可以被描述为以不同频率的正弦信号作为系统的输入，系统输出信号的调制度与输入信号调制度之比随频率变化的函数。光学载荷的 MTF 就是图像调制度与目标调制度之比的函数，表示光学载荷在不同的空间频率下，对目标对比度的传输能力，该指标影响光学图像的清晰度。

通常情况下，用户级的调制传递函数，是经过整个星地系统的综合调制传递函数，包括大气传输特性、卫星平台、光学载荷、数据传输及数据处理等因素。而光学载荷的调制传递函数是指载荷本身的，包括光学系统和电子学系统的综合传输特性。

基于载荷的任务指标，还需要进一步分级得到指导载荷系统设计的技术指标，如焦距、视场、像元尺寸、像素个数、量化位数、信噪比等。有时，载荷的任务性指标和载荷本身的技术指标界限并没有分得很清晰。

2.1.2.2 光学遥感载荷的基本设计方案

太阳通过大气将电磁波传到地面，地物将反射或本身发射出电磁波。光学遥感就是指通过光电探测系统接收地物反射或者发射的电磁波，通常情况下，光学遥感载荷即空间相机。光学遥感载荷系统一般可以划分为光学系统和电子学系统，还包括相机的结构机构以及热控。根据不同的应用场景，可以对空间相机的种类进行选择，进而得到光学遥感载荷的光学系统和电子学系统的基本方案。

（1）按照成像谱段划分的空间相机

空间相机按照成像谱段划分，可分为可见光空间相机、红外空间相机、光谱成像空间相机。

可见光空间相机是指能够探测电磁波谱段在可见光（0.38～0.76 μm）波段范围内的光学遥感相机。可见光空间相机以其分辨率高、图像易于解释等特点，成为空间光学载荷中最常用的一种方式。

红外空间相机是指能够探测电磁波谱段在红外波段范围的光学遥感相机。红外空间相机通常适用于对植被和水体的探测，根据红外波段还可将红外相机划分为短波红外和热红外相机，短波红外的特点是受大气影响较小，热红外则更适用于对温度的探测，如对地表温度的探测。

光谱成像空间相机是采用连续的光谱通道，对地物进行持续成像的空间相机。光谱成像空间相机在空间上进行连续的光谱测量，可以同时提供图像信息和光谱信息。随着技术的发展，光谱成像相机从传统的多光谱发展到了高光谱，甚至是超光谱，光谱成像相机在每一个成像像元上提供了很窄的成像波段，分辨率甚至达到了纳米数量级，光谱通道数也多达数十，甚至数百个，各个光谱通道间通常是连续的。光谱成像相机在环境监测、地球资源普查、大气探测等方面有着重要的应用。

（2）按照成像模式划分的空间相机

空间相机按照成像模式划分，可分为扫描成像空间相机、凝视成像空间相机。

扫描成像空间相机又可以细分为摆扫式成像空间相机和推扫式成像空间相机。摆扫式成像空间相机有时被称为聚焦式或跨轨扫描式相机，它通过使用"镜子"来反射光线到一个探测器上，利用 "镜子"来回移动，收集得到像素上测量的值。推扫式成像空间相机有时被称为沿着轨道扫描式成像空间相机，使用的探测器安置在垂直于卫星的飞行方向，卫星向前飞行的时候，一次可以收集一行的图像。

凝视成像空间相机又可以分为线阵推扫凝视成像相机和焦平面阵列凝视成像相机，它通过光电探测器件，将视场内的景物进行成像。凝视成像空间相机一般系统结构紧凑，成像效率高，在体积和质量上有很大优势。

（3）光学系统常用基本方案

光学遥感载荷的光学系统是一个望远无物镜系统，包括光学窗口、成像系统、分光系统和扫描系统等。常用的基本方案包括折射式光学系统、折返式光学系统、反射式光学系统等。

折射式光学系统通常采用双高斯型光学系统，主要应用于可见及近红外光谱区，也有少数应用于热红外光谱区。折射光学系统比较容易实现大视场、高成像品质的要求，但折射光学系统对环境温度、气压变化要求比较高，且受到玻璃材料光学特性的限制，实现起来较为困难。

折返式光学系统常采用施密特形式、施密特形式加卡塞格林系统等，折返式光学系统通常应用于焦距为几米，视场为 10°以内的光学载荷。折返式光学系统结构相对简单，不需要校正二级光谱，且可以通过采用低膨胀系数的玻璃作为反射镜，低膨胀系数的金属作为反射镜的支撑材料，使光学系统对环境温度变化不敏感，但折返式光学系统中心遮拦会损失光通量，降低中、低频衍射MTF 值。

反射式光学系统包括双反射系统、三反射系统等。反射式光学系统中，参与成像的光学表面全部为反射面，光谱范围宽，对从紫外到热红外光谱全部适用，不存在色差、透射率高，但反射式光学系统中，通常采用非球面技术，光学加工检测难度大，装调相对困难。

空间光学系统由于使用环境为空间环境，在方案确定的时候，还需要考虑空间环境因素，如光学材料的选择、杂散光抑制等因素。

（4）电子学系统常用基本方案

电子学系统是光学载荷实现地物电磁信号光电转换及信号处理的部分，电子学系统有时还包括光学调焦及载荷热控等功能。

电子学系统的核心部件是成像探测器，即将光信号转换为电信号的核心芯片，成像探测器的种类繁多，如线阵探测器、面阵探测器，可见光探测器、红外探测器，模拟输出探测器、数字输出探测器等。为了增加探测器阵列上的像素个数，采用多个探测器进行拼接技术，增加光学载荷的幅宽。

为了实现探测器数据的输出及存储，光学载荷需要设计信号处理及系统控制模块，按照卫星任务工作模式，完成对探测器芯片图像数据的读出，图像数据通常需要在载荷内部进行缓存然后传至卫星的数传系统。

有些光学遥感载荷还配备了调焦机构，当出现离焦问题时，能够在轨通过调焦机构，将探测器重新调至光学系统的焦面上。

光学遥感载荷通常对环境温度要求较高，需要环境温度维持在 0°～40°，甚至是 0°～20°，因此，具有较高环境温度要求的光学载荷系统中，会设计主动热控系统，维持空间相机工作在最佳的环境温度范围。

通过对光学系统和电子学系统中基本方案的选择和关键参数的匹配，如选择合适的光学形式、探测器，确定焦距、视场、像元尺寸、像素个数等参数，能够基本计算得到载荷所能达到的任务指标，如载荷能够达到的地面分辨率、幅宽等信息，即评价是否能够通过现有的技术，完成卫星所提出的任务要求。

2.1.3 数据存储及传输要求

光学遥感类卫星通常面临一个问题，就是空间相机图像数据量比较大。因此，需要在进行卫星设计的时候考虑到空间相机图像数据对卫星平台所提出的数据存储及传输的要求，即首先确定卫星应用任务，估算卫星在运行过程中，能够产生的数据量，并根据数据下传的时间要求，设计合适的技术方案，方案要能够保证数据的存储要求和数据及时下传的要求，在计算的过程中，还需要注意留有余量。

（1）数据存储要求

卫星对地成像拍照方式可分为连续成像和单次成像，单次成像单幅图像的数据大小由空间相机的像素个数和相机的量化位数决定，设某一面阵空间相机的像素个数为 $m \times n$，载荷的量化位数为 k，则单幅图像的数据量大小为

$$D_s = m \times n \times k \tag{2-2}$$

对于连续成像的空间相机，设成像帧频为 f，采样时间为连续 t s，则本次成像采集得到的数据量大小为

$$D_f = D_s \times f \times t \tag{2-3}$$

若卫星在单轨内需拍摄次数为 s，则单轨内所产生的图像数据量为

$$D_o = D_f \times s \tag{2-4}$$

并不是每轨卫星都会经过卫星测控站，能够把该轨图像进行下传，在这种情况下，可假设卫星连续经过拍摄区域的轨数为 c，则最终得到卫星需要存储的数据量大小为

$$D_{All} = D_o \times c \tag{2-5}$$

（2）数据传输要求

数据传输要求是针对卫星数据下传的码速率进行约束的，经过计算得到的卫星数据量，有时根据任务需要，必须单圈进行下传，或连续经过测控站进行下传，可根据下传的最苛刻要求来进行设计。例如，要求单圈内将全部数据下传，此时，需要首先通过 STK 仿真软件，分析出该测控站能够有效进行数据下传的时间 t，然后根据计算得到的单轨数据量的大小 D_o，简单估算数据下行的码速率要求最小为

$$s_B = D_o / t \tag{2-6}$$

通过数据下传的码速率要求，可以进一步确定或核算申报的卫星数传频率、带宽是否够用，并指导卫星数传系统设计。

2.2　空间环境

空间环境[15-16]是指大气层以外的宇宙空间，空间环境是卫星产品所需要的长时间工作的环境，与地面环境有很大不同。空间环境对卫星运行轨道、姿态、结构和材料、半导体器件及电位等均会产生显著的影响，因此，需要充分了解空间环境的特点以及空间环境对卫星系统的影响，才能够设计有效的空间环境适应性方案，并通过试验验证，使卫星系统能够很好地适应并工作于空间环境。

卫星所面临的空间环境可以分为自然环境和人为环境。其中，自然环境包括卫星所处的地球大气环境、引力场环境、空间等离子体环境、高能粒子辐射环境和微流星体环境等，人为环境主要是空间碎片环境。

2.2.1　地球大气环境

地球大气环境指被地球引力场和磁场所束缚，包裹着地球陆地和水圈的气体层。地球大气的气体主要集中在 0～50 km 的高度，而在高度大于 100 km 的空间仅占 0.000 1%左右。

按照大气组成的特点，地球大气可分为均质层、非均质层和外逸层大气。90 km 以下的大气被称为均质层，在该层处大气成分均匀；90～500 km 的大气为非均质层，大气成分随高度的变化而变化，在非均质层大气粒子密度很低，其底部大气的主要成分是分子氮、分子氧和原子氧，上部为原子氧和原子氮；非均质层以上到 1 000 km 的大气是外逸层，这里的大气粒子密度极低，粒子间的平均距离很大，平均自由路径很长。

按照大气的垂直结构划分，又可以将大气自下而上分为对流层、平流层、中间层、热层、逃逸层和高层大气，其中 110 km 以上的部分为高层大气。卫星通常运行在 170 km 以上的轨道，因此，一般情况下，卫星更关注高层大气的影响。

卫星运行在地球大气环境中，需要适应大气压力、大气密度以及大气温度的变化。地心引力对地球表面的混合气体所产生的作用力即大气压力，随着高度的增加，大气越来越稀薄，即越来越接近真空，卫星运行的环境为高真空度或超高真空度。高层大气密度和温度因纬度、地方时、太阳和磁场活动的不同而不同，如午后比夜晚的大气密度和温度高，太阳活动高年比太阳活动低年的大气密度和温度高。

地球大气环境对卫星的影响主要表现为以下两方面。

① 虽然地球大气环境的大气密度很低，但即使是稀薄的大气，仍然会对卫星的运行产生大气阻力，进而影响卫星的姿态，并且带来卫星的轨道摄动。卫星运行的轨道越低，摄动越大，因此卫星必须采取必要的姿态控制和轨道保持手段，来维持卫星的正常运转。

② 原子氧是最具活性的气体粒子之一，在 200～1 000 km 的卫星轨道上，原子氧大约占 80%。当卫星以 7.5 km/s 的速度在原子氧中飞行的时候，产生高速碰撞，这使原子氧具有极强的氧化能力，对某些材料具有极强的腐蚀作用。高速原子氧和卫星表面材料相互作用的化学过程复杂，对不同的表面材料的作用过程和结果也不一样。因此，一般情况下，卫星需要在设备表面覆盖一层氧化物，起到保护作用。

2.2.2   引力场环境

在空间环境中运行的卫星会受到来自地球、月球、太阳以及其他天体的引力作用，进而，引起卫星的轨道摄动。卫星绕地球运动时，除受到地球的引力影响外，还受到太阳和月球等其他天体的引力影响。对于低轨卫星，地球的引力占绝对优势，太阳和月球的引力影响可以不予考虑。随着轨道高度的提高，虽然地球的引力仍占主导地位，但太阳和月球的引力对卫星运动的影响已不能忽略。轨道越高，这种影响越明显。其中，月球的引力比太阳的引力大，其他天体的引力，在计算的过程中可以近似忽略。

引力场环境对卫星的影响主要表现为以下两方面。

① 引起轨道摄动，即卫星运动的实际轨道不断发生不同程度的偏离开普勒定律所确定的理想轨道，因此，在进行卫星轨道保持时，需要考虑由于引力场所带来的轨道摄动。

② 卫星在引力场中自由运动时，会表现出零重力或微重力的状态，因此，如果试验卫星进行生物实验时，需要考虑失重状态对实验物品的影响。

2.2.3   空间等离子体环境

在空间环境下，波长较短的太阳电磁辐射有足够的能量引起高空大气分子光致电离，使一部分中性大气分子或原子电离成自由电子和离子，电子、离子和中性粒子构成能量很低的准中性等离子体区域，即空间的等离子体环境。

离地球最近的等离子体环境是在 60～1 000 km 的地球电离层，电离层是由电子、离子和中性粒子组成的导电的等离子体区域。电离层中不断进行着中性粒子被电离、电子和离子复合成中性粒子的过程。在这个区域内，内部的电子密度和离子密度近似相等，因而对外呈现中性状态。

另外一个影响卫星运行的等离子体环境是磁层。地球存在固有磁场，十分稳定，只有极缓慢的长期变化。在太阳风的作用下，地球基本磁场位形会发生改变，向阳面被压缩，背阳面向后伸长到很远，太阳风作用下地磁场存在的空间被称为磁层。地球同步轨道运行的卫星，正位于磁层。磁层内部结构复杂，充斥着不同能量的等离子体，存在多个电流体系、等离子体层、内外辐射带、等离子体片以及在两极附近的磁层极尖区。

空间等离子体环境对卫星的影响主要表现如下。

① 空间电离层对无线电波存在严重的影响，表现为对在其中传播的电磁波产生折射、反射、散射、吸收、色散和法拉第旋转等，进而改变电波传播路径，出现电波时延、信号衰落、通信质量下降。电离层内的不规则体使通过的信号产生闪烁，造成经电离层传播的电波幅度、相位、到达角和偏振特性发生不规则的起伏，甚至造成电波信号丢失。

② 等离子体环境能够与卫星相互作用，引起对卫星的表面充电和对卫星的内部充电现象，当卫星充电到一定程度时，所产生的强电场可以使材料或者器件击穿、烧毁、污染、失效，严重影响卫星的运行安全。等离子环境会对高电压太阳电池阵产生有害效应，如使高电压太阳电池阵的电流泄露、引起高电压太阳电池阵的弧光放电效应等。因此，在进行卫星设计的时候，需要特别考虑卫星接地的设计，同时，各分系统、部件、整星设计需要满足航天电磁兼容性设计的要求。

③ 电离层中的电子和离子，对航天器的运动可产生小份额的阻力，当卫星体积较大时，需要考虑阻力对卫星姿态的影响。

2.2.4 高能粒子辐射环境

高能粒子辐射环境包括辐射带中的高能粒子、银河宇宙线、太阳宇宙线及人工辐射。

磁场中运动的带电粒子进入地球空间，受地磁场作用改变运动方向，绕磁力线做螺旋运动，并往返于赤道南北两侧，在赤道南北纬 50° 之间形成了环绕地球的、由密集带电粒子组成的地球捕获辐射带。地球捕获辐射带中有两个高通量区域，分别是内辐射带和外辐射带。内辐射带下边界高度为 600～1 000 km，上边界高度为 10 000 km，纬度范围在南北纬 40°以内。南大西洋地磁异常区，内辐射带下边界为 200 km 左右。外辐射带为 10 000～60 000 km。内辐射带由质子、电子和少量重离子组成，外辐射带主要由电子组成。辐射带粒子能量很高，随着高度的增加，粒子能量逐渐减小，能量越大的粒子可以到达离地面越近的高度。太阳活动和地磁亚暴对辐射带有很大影响，太阳活动高年和地磁亚暴前后，电子通量都会明显增高。

银河宇宙线是来自太阳系外的宇宙空间的高能粒子，其粒子通量很低，但银河宇宙线粒子能量极高、穿透能力极强，这是造成单粒子事件的主要原因。

太阳宇宙线是太阳风暴发生时释放出的大量高能量带电粒子，它们最快十几分钟就可以到达地球，并使地球周围的高能带电粒子数量增加数千倍，甚至上万倍，由于质子占总粒子数的 90% 以上，因此将这种事件称为太阳质子事件。由于地磁场对高能带电粒子的屏蔽作用，不同轨道的卫星受到的影响大不相同，高轨道卫星质子事件影响比较严重，低轨道卫星受地磁场保护，质子事件影响相对较小。在低轨道卫星中，轨道倾角越高，质子事件的影响越大。

人工辐射是指在高空核爆炸后，会产生通量很大的人工高能粒子辐射区，对卫星的运行会造成严重的影响。例如，20 世纪 60 年代美国的一次高空核爆炸试验，就形成了人工高能粒子辐射，造成了 4 颗卫星不同程度的损伤。

高能带电粒子环境是卫星在进行可靠性设计和安全性设计的过程中需要重点考虑的关键性因素之一，对航天器的影响主要表现如下。

（1）辐射损伤效应

带电粒子入射到吸收体时，会将一部分或全部能量转移给吸收体，带电粒子所损失的能量就是该吸收体所吸收的辐射的总剂量。卫星上的材料及电子元器件通常会受到这种来自带电粒子的辐射损伤，即辐射损伤效应。辐射损伤的方式有两种，分别为电离作用损伤和位移作用损伤。电离作用损伤是指入射粒子的能量通过吸收体的原子电离而被吸收，高能电子所引起的一般是电离作用损伤；位移作用损伤是指入射的高能粒子击中吸收体的原子，使原子的位置移动而脱离原来所处晶格中的位置，造成晶格缺陷，高能质子和重离子所引起的一般是位移作用损伤。辐射损伤效应可导致卫星上的各种电子元器件和功能材料等的性能漂移、功能衰减，严重时会完全失效。因此，针对辐射损伤效应，卫星通常会采取相关手段，如选用具有抗辐照指标的元器件、采用屏蔽层、进行抗辐照加固等，保证卫星在运行生命周期内，能够有效抵挡辐射损伤。

（2）单粒子效应

单粒子效应是指单个空间高能带电粒子击中电子器件的灵敏部位，由于电离作用产生额外电荷，使器件逻辑状态改变、功能受到干扰或失效等。单粒子效应所引起的事件包括单粒子翻转、单粒子锁定和单粒子烧毁等。单粒子翻转是指单个高能粒子作用于半导体器件，引发器件的逻辑状态发生异常变化。单粒子翻转是空间辐射造成的多种单粒子效应中最常见和最典型的一种，主要发生在数据存储或指令相关器件中。单粒子翻转造成的器件错误属"软错误"，通常通过系统复位、重新加电或重新写入能够使器件恢复到正常状态。航天器抗单粒子效应设计采用检错纠错码技术，即通过软件或硬件设计，发现单粒子翻转错误并纠正它，使之不会对航天器系统造成更严重乃至致命的错误。单粒子锁定是指单粒子入射时产生瞬态电流，导致设备功能性损坏。单粒子锁定主要发生在 CMOS 器件中，对于典型器件，锁定电流高达安培量级，大电流导致器件局部温度升高，导致器件永久性损坏。重新掉电、上电可以清除单粒子锁定，但如果没有迅速断电，过度的加热以及镀金或键合线发生故障，都会带来不可逆的永久性伤害。防范单粒子锁定的措施主要有限流电阻、限流电路或系统重新掉电、上电等。

2.2.5 微流星体和空间碎片环境

空间环境中存在较大的固体物质，主要来自微流星体和空间碎片环境，因其体积相对较大，运行速度较快，对卫星的飞行安全会产生一定的影响。

微流星体主要是指绕着太阳运动的大小不一的流星体，微流星体的分布并不均匀。空间碎片是指人类空间活动的产物，包括完成任务的火箭箭体和卫星本体、火箭的喷射物、在执行航天任务过程中的抛弃物、空间物体之间碰撞产生的碎块等。空间碎片大多分布在航天活动频繁的区域，是空间环境的主要污染源。针对空间碎片，行业出台了卫星强制离轨的要求，避免因人类空间活动的增加，产生更多的空间碎片或太空垃圾。

2.3 大系统接口

卫星的发射和运行，并不是单一的卫星系统或者卫星星座系统，而是涉及运载、发射场、测控、数据应用中心等众多环节和系统的协同协作，通常将整个卫星系统、发射的运载系统、发射场系统、测控系统、运控系统看作一个大系统工程，将卫星系统面向在大系统工程中的其他系统相互之间的接口，称为大系统接口。在设计卫星之初，必须要充分了解大系统工程中来自其他系统对卫星设计的约束，进而保证整个大系统工程的顺利运行。

2.3.1 卫星运载

2.3.1.1 卫星运载火箭

卫星发射入轨依赖于运载火箭，在传统卫星发射时，通常一个运载火箭只为一颗卫星服务，随着航天技术的发展，逐步出现了一箭多星、搭载发射等发射模式。一箭多星，即用一枚运载火箭同时或先后将数颗卫星送入地球轨道。在国际上，一箭多星的发射常用两种方式：第一种是将几颗卫星一次送入一个相同的轨道或几乎相同的轨道上；第二种是分次分批释放卫星，使每一颗卫星分别进入不同的轨道。一箭多星需要解决的主要问题包括：需要提高火箭的运载能力，以便将总质量更大的数颗卫星送入轨道；需要掌握稳定可靠的"星-箭分离"技术，运载火箭在最后的飞行过程中，卫星按预先设计的程序从卫星舱中分离出来，不能相互碰撞，要选择最佳的飞行路线和最佳分离时刻，使多卫星在各自的轨道上运行；需要考虑火箭运载卫星以后，火箭结构角度和重心分布变化的发生，这些变化会导致火箭在飞行中难以稳定；多卫星和火箭在飞行过程中，需要考虑无线电干扰等问题。一箭多星技术可以充分利用运载火箭的运载能力余量，经济便捷地将多颗卫星送入地球轨道，尤其对微小卫星的发展更加重要。通过一箭多星技术可以便捷地实现微小卫星的搭载发射任务。

搭载发射任务即利用一箭多星技术，在运载发射主的同时，充分利用运载的质量和体积的余量，在携带一颗主要卫星的同时，携带多颗其他微纳卫星或立方体卫星入轨，通常称这个主要卫星为卫星的主星，称其他携带发射的卫星为搭载星。这种发射方式成为微纳卫星、立方体卫星等商业卫星公司、高校等普遍受欢迎的发射模式，因为它能够有效降低卫星发射成本，节省卫星的研制成本。

目前，我国能够提供卫星运载服务的运载火箭基本上由中国航天系统制造。运载火箭主要包括长征系列火箭、龙系列火箭及快舟系列火箭。其中，龙系列火箭和快舟系列火箭，为微小卫星提供了更多一箭多星或搭载发射的机会，成本低廉、发射周期较短，是微纳卫星常用的运载工具。随着商业航天的发展，一些商业运载火箭正逐步趋于成熟，而技术验证的火箭，正朝着能够提供商业运载服务的方向前进。

长征系列火箭主要包括长征一号、长征二号、长征三号、长征四号、长征五号、长征六号、长征七号和长征十一号。长征一号是为发射中国第一颗人造卫星而研制的三级运载火箭。长征一号全长 29.46 m，最大直径 2.25 m，起飞质量 81.5 t，近地轨道运载能力为 300 kg。长征二号运载火箭为两级液体运载火箭，主要用于发射高度在 500 km 以下的各类近地轨道卫星和其他航天器，它是中国第一个大型运载火箭，同时是许多运载火箭的基础型号。长征三号是以"长征二号丙"为原型加氢氧第三级组成的三级运载火箭。该火箭全长约为 44.56 m，芯级最大直径 3.35 m，可以将 1 600 kg 的有效载荷直接送入地球同步转移轨道。长征四号系列运载火箭作为备份火箭开始研制，但长征四号系列火箭随着技术的不断成熟和扩展，完成了从备份到金牌的转换，并获得了很多科学技术成果。新一代运载火箭是为了弥补长征二、三、四号系列运载火箭的不足而研制的新型火箭。新一代运载火箭的主要特点有运载能力大、无毒无污染、成本低、可靠性高和适应性强等。目前已经发射的型号主要有长征五号、长征六号和长征七号。其中，长征五号火箭是我国目前运载能力最大的火箭，长征五号系列火箭对地球同步转移轨道和近地轨道运载能力分别达到 14 t、25 t。长征六号运载火箭为低温液体三级运载火箭，主要用于发射太阳同步轨道卫星，具备适应简易设施发射的能力，该火箭起飞质量 103 t，700 km 太阳同步轨道运载能力达到 1 t。长征七号运载火箭是无毒无污染液体发动机火箭，火箭近地轨道运载能力不低于 14 t，700 km 太阳同步轨道运载能力达 5.5 t，新技术占比超过 70%。长征十一号运载火箭是新型四级全固体运载火箭，是我国长征系列运载火箭家族第一型固体运载火箭，火箭全长 20.8 m，重 58 t，起飞推力 120 t，700 km 太阳同步轨道运载能力 400 kg，低轨运载能力可达 700 kg，并且具备快速准备及发射能力。

龙系列是中国航天科技集团继长征系列后推出的又一运载火箭系列。龙系列产品规划为捷龙固体运载火箭系列和腾龙液体运载火箭系列两大类。捷龙系列包括捷龙一号、捷龙二号、捷龙三号三型固体运载火箭，具有高性价比、高可靠性、快履约、快发射的特点。捷龙一号是微小型火箭，能够提供 500 km 轨道 200 kg 的运载能力，运载的对象主要是百千克级以下的微小卫星和立方星的单星的验证、发射。捷龙二号、三号是运载能力更大的固体火箭，捷龙二号提供的运载能力为 500 kg，捷龙三号提供的运载能力是 1.5 t，捷龙二号和捷龙三号的运载对象为大规模的卫星星座组网发射。腾龙系列是尚在规划的运载系列火箭，将采用无毒无污染液体推进剂的中型运载火箭，500 km 太阳同步轨道运载能力可达 3 t，设计有芯级可重复使用能力，主要承担星座组网的发射服务。

快舟系列火箭采用了星箭一体化技术、栅格舵控制技术，它是具有快速集成、快速入轨能力的小型固体运载火箭。快舟系列运载火箭创造了中国航天发射的最快纪录，实现了真正由液体运载火箭到固体运载火箭的转化。

2.3.1.2 运载约束及接口要求

运载火箭为卫星提供发射服务，与卫星之间有很多需要配合和连接的部分，即来自运载的约束条件及与运载相关的接口要求，主要包括来自运载载重限制的质量及体积的约束、运载能够提供服务的轨道约束、运载在发射过程中的力学环境的约束、运载中来自主星及运载的电磁兼容性要求、卫星与运载的电气及机械接口要求。通常情况下，相对于用来搭载发射的卫星而言，运载火箭对主星的约束条件相对较少，因为运载火箭主要是为主星提供发射服务的。因此，运载火箭能够满足主星提出的质量、体积的要求，同时，能够将主星送入预期规划的轨道中。对于微纳卫星而言，更多的发射机会来自搭载发射，需要在整个大系统任务的过程中，满足来自运载和主星所提出的要求，为卫星的设计提出了更苛刻的条件。

（1）质量及体积的约束

运载火箭的载重往往是固定的，能够运送卫星的舱体的大小也是固定的，因此，卫星在设计的时候，不能超过运载火箭的载重要求和舱体大小要求。

作为搭载发射的微纳卫星，通常利用的是运载体积及质量的余量，因此，必须明确运载提出的质量及体积要求来进行系统设计，特别是卫星的构型在不能超过舱体大小的余量要求基础上，需要对主星的距离留有一定余量。通常卫星在设计之初，即与运载方进行沟通的过程中，运载方会给出明确的包络尺寸的要求，在卫星进行初步设计后，需要通过仿真的形式，将卫星的模型交于运载方，进行模型适配，保证系统安全。

（2）力学环境的约束

卫星在制造、总装、地面运输、发射入轨等阶段，均要经历复杂的地面总装环境、地面试验环境、地面运输环境、发射环境和空间环境等，将这些环境统称为卫星环境。其中，发射环境为来自运载所带来的震动、冲击、噪声、加速度等环境，包括运载火箭整流罩内的声环境、卫星和火箭对界面上的随机震动环境、火箭级间分离产生的瞬态振动环境、星箭分离产生的解锁冲击环境等。由运载导致的力学环境效应和影响，主要表现在由结构震动响应引起的各类综合效应。例如，可能导致结构变形、失稳、开裂甚至功能丧失；导致仪器设备、管路、电缆安装的松动、脱落和断裂；导致仪器电子元器件性能出现漂移、超差等。因此，为了避免运载所带来的力学环境的影响，需要在整个卫星研制周期内，考虑力学条件要求。

首先，在设计卫星之初，按照运载的约束条件，为卫星提供设计的力学要求，按照提出的力学要求进行卫星设计，之后，卫星设计方会进行力学仿真验证，同时提供相关的卫星模型给运载方，由运载方联合进行力学仿真验证。仿真验证的主要方法包括有限元分析方法、边界元分析方法和统计能量分析方法等。有限元分析方法适用于低频段，而随着频率的升高，有限元网格需要划分得更加精细，这导致系统的自由度和计算量增大；边界元分析方法同有限元分析方法相比，它的计算量小、精度高，在结构声学计算的数值方法中占主要地位；统计能量分析方法适用于高频，能够克服复杂结构系统的高阶模态参数对结构形式、尺寸、连接方式、生产工艺和其他不确定性因素非常敏感及复杂结构系统高频区模态密集等问题。

其次，在研制卫星的过程中，需要进行力学环境验证试验，力学环境验证试验通常包括单机级的力学环境验证试验及整星级的力学环境验证试验。其中，如果卫星的研制模式包括初样、鉴定、正样等不同阶段，还需要对不同阶段的卫星产品及整星系统级进行力学环境试验验证。但是，在不同层级和不同阶段，验证的角度不同，因此，力学环境等级及要求不同。通常在设计卫星之初，就需要根据系统分解，给出卫星系统及卫星产品需要进行的力学环境试验要求，以指导卫星及产品的研制及试验。

卫星需要进行的常规力学环境验证试验项目主要包括正弦振动试验、随机振动试验、冲击试验及声试验等。

（3）电磁兼容性要求

卫星与运载火箭之间需要考虑电磁兼容性的问题，主要包括卫星不能在运行的过程中产生过多的电磁干扰，影响运载火箭的正常工作，同时，卫星要能够抵抗来自运载火箭的电磁干扰，使其工作不受影响。卫星在设计之初，需要进行相对于运载火箭的电磁兼容性设计，在卫星研制完成后，通常要与运载火箭进行专门的对接试验，验证卫星与火箭之间的电磁兼容性。在设计和实验中，主要需要考虑的电磁兼容项目包括星箭对接面的接触电阻、星箭对接后的接地电阻、星上设备开机对箭上设备工作的影响、箭上设备开机对星上设备工作的影响、星箭无线设备工作状态下的频谱图、星箭火工装置在电磁干扰环境下的抗干扰能力。

搭载发射的卫星，还必须考虑卫星与主星及其他卫星的电磁兼容性要求，很多搭载发射的卫星采用发射过程不上电的处理方式，避免了对火箭和主星等的影响。

（4）电气及机械接口要求

卫星和运载火箭的接口包括机械接口和电气接口，卫星与运载火箭间的接口需要完全匹配。机械接口的匹配主要包括卫星与运载火箭之间机械接口尺寸及对接方式的正确性，卫星与运载火箭之间分离装置连接的正确、可靠及安全，卫星力学特性参数与运载火箭动力学耦合分析要求的兼容性，星箭组合体模态对火箭飞行稳定性影响及卫星动态响应特性。

有些卫星在运载火箭发射过程中，处于卫星加电的状态，这时，卫星与运载火箭之间还需要存在电气接口。电气接口匹配主要是指卫星与运载火箭之间的电连接器型号、种类、安装位置匹配；电连接器的接点定义及电气特性匹配；供电、指令、遥测匹配。

2.3.2 卫星轨道

微纳卫星的一个重要设计约束来自轨道，传统卫星的设计模式是根据卫星任务，设计卫星需要运行的轨道。在此种发射模式下，需要根据卫星的任务要求，首先设计卫星轨道，然后分析次轨道条件下，对卫星系统设计的约束。随着搭载发射模式的兴起，为了降低研制成本，许多卫星采用搭载发射的模式，此时，搭载的微纳卫星将服从主星的轨道，因此，卫星设计的重点工作就是分析该轨道条件下，对卫星系统设计的约束，同时，根据该轨道约束，设计卫星的工作任务及工作模式。在任务分析阶段，与轨道相关的工作任务主要包括根据卫星任务要求的轨道设计、卫星设计轨道约束分析、基于轨道的卫星任务设计。

2.3.2.1　根据卫星任务要求的轨道设计

传统卫星的设计模式是运载火箭为该卫星服务。在该模式下，根据卫星的任务进行轨道设计，因此，卫星任务及轨道设计相对具有很大的自由度。基于卫星任务的轨道设计方法是在熟知卫星轨道特性的基础上，通过分析轨道设计的约束条件，进行轨道的相关参数设计。

1. 卫星轨道特性

卫星轨道可以解释为卫星按照一定规则运动的路线，不同高度和不同形状的轨道有一个共同点，轨道位置都在通过地球垂心的一个平面内，卫星运动所在的平面叫作轨道面。从轨道的角度出发，一个卫星和一个实心的固体或者一个天体在空间中运行，是没有任何区别的，都是将其简化成一个有质量无大小的点，因此，可以用天体的运动来描述。为了推导卫星的运动规律，进行了三个假设：卫星被视为点质量物体；地球是一个理想的球体，质量均匀；卫星仅受到地球引力场的作用，忽略太阳、月球和其他天体的引力作用。基于该假设，推导得到了卫星运动的开普勒三大定律。

开普勒第一定律（椭圆定律）：卫星以地心为一个焦点，做椭圆运动。

开普勒第二定律（面积定律）：卫星与地心的连线在相同时间内扫过的面积相等。这说明卫星在近地点运动速度最快、远地点速度最慢，如果卫星运行在圆轨道上，则卫星的速度相同。

开普勒第三定律（调和定律）：卫星运转周期的平方与轨道半长轴的三次方成正比。这说明卫星的轨道周期只与轨道的半长轴有关，与轨道偏心率无关。

由于假设的局限性，实际在轨运行的卫星并不运行在理想状态下，而是在其他因素的影响下，卫星运动的实际轨道在不断发生不同程度的偏离开普勒定律所确定的理想轨道，这样的现象称为轨道摄动。在进行轨道设计及分析时，通常需要考虑轨道摄动带来的实际影响，并在实际的卫星设计过程中，加入卫星轨道保持及姿态控制的因素，保证卫星工作任务。

根据不同的因素，可以将卫星轨道进行分类，主要包括以下几方面。

① 按照形状分类：椭圆轨道、圆轨道。椭圆轨道为偏心率不为 0 的轨道，卫星在轨道上做非匀速运动；圆轨道为偏心率为 0 的轨道，卫星在轨道上具有相对恒定的运动速度，覆盖较均匀。

② 按照倾角分类：赤道轨道、极地轨道、倾斜轨道。卫星轨道平面与赤道平面的夹角被称为卫星轨道平面的倾角。赤道轨道为轨道面与赤道面重合的轨道；极地轨道为穿过地球南北极的轨道；倾斜轨道为轨道面倾斜于赤道面的轨道，其中，倾角为 0°到 90°的为顺行倾斜轨道，倾角为 90°到 180°的为逆行倾斜轨道。

③ 按高度分类：低轨道、中轨道、静止/同步轨道、高轨道。低轨道为高度低于 2 000 km 的轨道，中轨道为高度在 2 000～20 000 km 的轨道，静止/同步轨道为高度 35 786 km 的轨道，高轨道为高度在 20 000 km 以上的轨道。

④ 按轨道周期分类：回归/准回归轨道、非回归轨道。卫星瞬时位置和地球中心的连线与地球表面的交点被称为卫星的星下点。卫星的星下点轨迹在一天内为重复的轨道被称为回归轨道；卫星的星下点轨迹间隔数日后重复的轨道被称为准回归轨道；当卫星的星下点轨迹不呈现周期性重复的轨道被称为非回归轨道。

根据卫星轨道设计经验，形成了几类常用应用的卫星轨道，针对不同的卫星任务，可进行轨道选择。

（1）太阳同步轨道

太阳同步轨道是逆行倾斜轨道，倾角在 90°到 100°，轨道高度在 500～1 000 km，是一种近极地轨道。太阳同步轨道的轨道平面绕地轴的旋转方向和周期与地球绕太阳的公转方向和周期相同。在太阳同步轨道上，太阳光和轨道平面的夹角保持不变，沿太阳同步轨道运行的卫星，每次从同一纬度地面目标上空经过时，都保持同一地方时和同一运动方向。因此，太阳同步轨道可在同样的条件下重复观测地球，同时，太阳同步轨道具有相对固定的光照条件。对于能源消耗较高的卫星，常选用太阳同步轨道，特别是光学遥感卫星，太阳同步轨道是常用的轨道。

（2）地球静止轨道

地球静止轨道是指运行周期与地球自转周期相同的卫星的轨道。这种卫星几乎每天在相同时刻经过相同地方的上空。对于地面的任意观测者来说，地球静止轨道对其仰角和方位角始终保持不变。地球静止轨道的高度高，因此，地球静止轨道能够观测到的地面区域广，一颗卫星就能覆盖 40% 的地球表面。这种卫星和地面保持相对静止、跟踪简单、使用方便，能够 24 h 连续工作，因此，应用非常广泛。通信、气象、广播、电视、预警等采用地球静止轨道。

（3）地球同步轨道

地球同步轨道是指卫星在该顺行轨道上绕地球运行时，其运行周期与地球的自转周期相同的轨道。在地球同步轨道上运行的卫星，卫星相对地面的星下点轨迹基本保持不变，具有较高的地面覆盖能力，如在该轨道下，同一轨道面内布置三颗卫星，即可实现全球的覆盖，因此，常用作通信、侦查类卫星的常用轨道。

2. 轨道设计影响因素

针对光学遥感微纳卫星设计，在卫星任务进行轨道设计时，需要考虑的因素包括来自卫星的任务要求、运载能力的要求、地面测控站网络的部署、发射场因素等。

（1）来自卫星的任务要求

来自卫星的任务要求包括地面分辨率要求、幅宽要求、卫星寿命要求、重访周期要求、卫星观测位置要求、光照要求等。卫星的地面分辨率、幅宽、卫星寿命等要求，将决定卫星轨道高度的选择。通常情况下，地面分辨率和幅宽是一对相互矛盾的指标，地面分辨率约束卫星轨道尽量低，而幅宽又约束卫星轨道尽可能高。卫星的观测位置、重访周期、光照要求，将决定卫星的星下点轨迹的选择。

（2）运载能力的要求

运载性能、费用将影响卫星的入轨方式及入轨位置。

（3）地面测控站网络的部署

地面的测控站网络，决定了卫星需要运行的轨迹尽可能多、尽可能均匀地覆盖可测控区域。

（4）发射场因素

发射场的地理位置及允许射向影响卫星的轨道。

3. 轨道设计内容

轨道设计，即根据设计约束，来综合考量卫星最终的运行轨迹。设计的主要内容包括卫星轨道类型、卫星轨道高度、卫星初始入轨参数等。

卫星轨道类型：根据卫星的应用、重访周期要求、观测位置要求、地面测控网络布局等约束以及以往的经验，选择一个合适的卫星轨道类型。

卫星轨道高度：根据卫星任务对幅宽、地面分辨率、寿命等要求，初步确定一个卫星轨道高度。

根据卫星地面覆盖要求、运载能力、发射场地点等综合确定卫星初始入轨的卫星轨道参数，并仿真得到卫星的星下点轨迹。

卫星的轨道参数是用于确定和描述卫星在轨道上的确定性位置的参数，常用的卫星轨道参数被称为轨道六要素,包括半长轴、偏心率、轨道倾角、升交点赤经、近地点幅角和真近点角。半长轴和偏心率确定了卫星轨道椭圆的大小和形状。半长轴指的是椭圆长轴的一半,半长轴越大则椭圆越大。偏心率表示椭圆焦点之间的距离与长轴的比值,偏心率越小则轨道越圆。轨道倾角、升交点赤经和近地点幅角能够确定卫星椭圆轨道的空间方位指向,确定唯一的卫星运行轨道。升交点为卫星由南向北运行时,与地球赤道面的交点,升交点赤经为卫星轨道的升交点与春分点之间的角距,春分点是黄道面与赤道面在天球上的交点,春分点方向是立春的这一天,太阳相对于地球的方向。轨道倾角和升交点赤经能够确定椭圆轨道在空间的方位。近地点幅角指的是从升交点到近地点之间的角距,它表明了椭圆的长轴在空间的指向。真近点角指的是在轨道平面内卫星从近地点起沿轨道运动时其扫过的角度,是某一时刻轨道近地点到卫星位置矢量的夹角,真近点角确定了卫星在轨道面上的唯一位置。

2.3.2.2 卫星设计轨道约束分析

无论是设计得到的卫星轨道,还是搭载发射被约束得到的卫星轨道,都要对轨道进行充分的分析,得到来自轨道对卫星设计起到指导性意义的约束条件。在进行轨道约束分析的时候,通常进行以下分析:卫星覆盖能力分析,分析卫星的覆盖能力是否能够满足卫星任务和测运控的要求;卫星光照分析,包括太阳矢量方向与轨道面夹角分析、光照和阴影时间分析,得到对卫星能源系统设计的约束条件;卫星轨道衰减及漂移情况分析,得到卫星的运行时间及卫星轨道保持的设计约束条件,同时,根据机构间空间碎片协调委员会发布的指南要求,卫星在轨道上运行的时间不超过 25 年,因此,通过对卫星轨道衰减的分析,可以帮助制定合理的卫星离轨方案。

对轨道的分析,通常是基于成熟的分析软件来进行的,其中,STK(Satellite Tool Kit)软件是卫星运行分析中常用的商业分析软件,在航天领域一直处于领先地位。STK 软件能够快速方便地分析复杂的航洋、航天任务,并提供易于理解的图表和文本,进而,用于确定最佳的解决方案。STK 软件中对航天器任务分析的应用领域涵盖了通信、遥感、导航等,并支持任务的全过程分析,包括设计、测试、发射、运行和任务应用,能够为卫星轨道分析、姿态分析、任务分析等提供可视化分析界面及数据,是卫星设计轨道约束分析中常用且必不可少的软件。STK 软件中常用的功能可以被概括为以下几方面。

卫星姿态及轨道的可视化分析:计算卫星在任何时刻的位置和姿态,卫星或地面站遥感器的覆盖区域。

根据输入参数自动生成卫星轨道:提供卫星轨道生成向导,帮助用户建立常见轨道,如地球同步轨道、近地轨道等。

可见性分析：计算空间对象间的访问时间并在二维地图窗口中动画显示，可以在对象间增加几何约束条件（如可视范围、最小仰角等）来进行细节上的仿真。

可视化计算结果：可以显示所有以时间为单位的信息，对任务场景变化等具备多窗口实时显示能力。

生成全面的数据报告：STK 可以提供超过 100 种的文字或图表形式的报告信息，用户可以为自己关心的对象定制报告。

通过 STK 软件可以完成对卫星覆盖能力、卫星光照及卫星轨道衰减及漂移情况等的分析。

1. 卫星覆盖能力分析

对于光学遥感微纳卫星覆盖性分析，主要分为两个方面。一是卫星成像视场覆盖性分析，看是否能够满足任务需求；二是对测控下行波束覆盖性分析，看地面测控站布局是否能够满足卫星常规测控的需求。

（1）卫星成像视场覆盖性分析

对于卫星成像视场覆盖性分析，首先需要进行成像光学载荷的成像几何特性分析，然后通过 STK 软件对卫星载荷能够覆盖的星下点区域的轨迹进行仿真，得到卫星在轨运行的过程中成像区域、观测重访周期等信息。如果针对某一个区域进行成像覆盖性分析，则可以通过软件仿真得到是否能够覆盖目标区域、覆盖目标区域的时间及周期等信息。光学载荷的成像几何特性比较简单，可近似将光学加探测器的系统和地面满足视场成像的系统看作两个相似三角形。例如，针对常用的可见光线阵成像的光学载荷，设光学载荷中探测器的像面宽度为 l，像元尺寸为 d，焦距为 f，卫星的轨道高度为 H，则通过相似三角形的性质，可以近似得到地面覆盖条带幅宽为

$$L=\frac{l}{f}H \tag{2-7}$$

同理，可以得到面阵光学载荷对地覆盖区域的近似大小。

（2）卫星测控下行波束覆盖性分析

卫星测控下行波束覆盖性分析与卫星成像视场覆盖性分析基本相同，根据天线覆盖的角度、天线的增益等信息，来进行测控下行波束的覆盖性分析，重点关注的是针对地面测控站布局中指定测控站的位置，进、出测控站的时间，地面观测到卫星时天线的俯仰角等信息。同时，可以通过 STK 软件对卫星下行波束的覆盖区域进行仿真，帮助指导地面测控站布局的建设等。

2. 卫星光照分析

卫星光照分析包括太阳矢量方向与轨道面的夹角分析及光照阴影时间分

析，它是卫星能源系统设计、卫星热控系统设计的重要输入条件。同样，通过STK 软件设置卫星与轨道，可以得到在该轨道条件下，卫星在整个运行生命周期内，每一个时刻太阳矢量方向与轨道面夹角的值。对于没有安装帆板旋转机构的卫星，该夹角是指导卫星太阳能帆板面积设计的重要因素。同时，对卫星在轨运行阶段光照时间和阴影时间进行仿真分析，得到单圈光照及阴影时间，用于指导卫星能源系统设计，并复核复算卫星是否能够满足单圈能源平衡。通过对卫星光照分析，还能够指导卫星热控系统的设计。通过卫星的光照强度、光照角度、光照及阴影时间，能够获得卫星外部的热辐射特性，进而指导开展热控系统方案的选择及实施。

3．卫星轨道衰减及漂移情况分析

通过 STK 软件，能够仿真分析得到卫星轨道及降交点地方时的变化情况，如卫星轨道高度的下降情况、卫星轨道倾角的变化情况等。上述情况能够帮助指导卫星轨道保持方案的设计、卫星离轨方案的设计等，并对卫星空间环境的变化分析提供参考依据。

2.3.2.3 基于轨道的卫星任务设计

基于轨道的卫星任务设计，主要针对的是搭载发射的微纳卫星，该类微纳卫星基本为技术验证星。因此，在确定了轨道条件后，可以根据轨道的重访周期、星下点轨迹等特点，来设计卫星工作模式及卫星的工作任务。例如，对光学遥感微纳卫星来说，可以根据卫星的星下点轨迹，在卫星经过的区域内，设置卫星拍照的位置、卫星重点关注的目标类型及卫星针对重点区域的重访周期等，即针对所运行的轨道来设计卫星的工作任务。

2.3.3 卫星频率资源

卫星频率是卫星应用产业发展的基本要素，是人类所共有、宝贵的自然资源，随着空间技术的发展和卫星应用的大量增加，卫星频率资源日渐紧张。因此，国际上通过设定卫星资源管理办法，来协调、分配和使用卫星资源，遵循这些法规是合理有序管理卫星资源的必要前提。与卫星频率相关的国际法规包括《国际电信联盟组织法》《国际电信联盟公约》及 ITU《无线电规则》等。根据国际法规，各国拥有和平探索与外空活动的权利；无线电频率是有限的自然资源，必须平等、合理、经济、有效地使用；应采用有效的干扰控制机制以充分利用频率和轨道资源。我国的卫星资源管理法规包括《中华人民共和国无线电管理条例》《中华人民共和国无线电频率划分规定》《卫星网络空间电台管理规定》《建立卫星通信网和设置使用地球站管理规定》等。

根据《无线电规则》的规定，凡是希望得到国际承认并受到保护的卫星系统，都要按照《无线电规则》的规定程序向国际电联的无线电通信处登记，手续完备后，该卫星系统才会被登记在国际频率总表上，各成员国才有义务不干扰这些卫星。因此，在卫星发射之前，根据卫星任务进行相应频段、带宽的频率申请工作，申请完成后，根据所申请下来的频率资源，指导卫星测控及数传分系统的设计。

2.4　初步总体技术指标

在卫星任务分析结束后，根据任务分析的结果，提出用于指导卫星系统设计的总体技术指标，总体技术指标用来约束分系统设计，分系统根据总体技术指标，分解得到相对应分系统的技术指标。该技术指标基本可以分为三大类：卫星任务技术指标、卫星系统类技术指标以及卫星分系统类技术指标。

（1）卫星任务技术指标

卫星任务技术指标是与任务及载荷相关联的，对于光学遥感微纳卫星，可以总结为：谱段范围、地面分辨率、幅宽、焦距、数据量化位数等。

（2）卫星系统类技术指标

卫星系统类技术指标是对卫星系统设计的总体约束，将综合影响各个分系统的设计，主要包括：卫星数量、卫星包络尺寸、卫星质量、卫星轨道类型、轨道参数、卫星寿命及卫星寿命末期可靠性等。

（3）卫星分系统类技术指标

卫星任务分析结果会对部分分系统的设计产生直接的影响。在任务分析结束后，对该类技术指标应一同进行总结，该类技术指标主要包括：姿态测量精度、姿态控制精度、姿态稳定度、定位精度、测控频段、测控体制、数传频段、数传码速率、固存容量、天线工作频率、极化方式、天线扫描角等。

2.5　本章小结

卫星任务分析是卫星进行可行性论证阶段的重要工作，通过对卫星任务进行分析，可以得到用于指导卫星系统设计的全部约束条件，卫星的任务分析需要尽可能详尽、全面和定量化。

本章给出了一种光学遥感卫星任务的分析方法，分别从卫星应用角度、卫星空间环境角度、卫星系统所在的大系统工程角度以及卫星所使用的频率资源角度开展卫星系统设计的约束条件分析。本章重点讨论了如何将定性的约束条件转化为定量的卫星系统设计要求；给出了在每一个角度的分析中，需要重点关注的内容和应该得到的结果；给出了在卫星任务分析阶段能够确定的卫星总体技术指标，该指标可以为实际卫星任务分析提供指导。

第3章

微纳卫星系统总体设计方法

在全部的约束条件分析清楚后，就可以开展卫星系统的总体设计工作。卫星系统的总体设计工作，更着重于卫星本身的设计。通过何种架构、布局、构型来实现卫星系统，即卫星系统中每个部分的基本方案，卫星系统中部件间的连接关系，卫星系统的基本工作方式等。

在卫星系统总体设计的过程中，需要遵照层次化的设计模式，所设计的工作框架如图 3-1 所示。首先规划卫星所具备的关键特点；然后根据关键特点建立卫星系统架构，确定关键单机及分系统实现方案、指标及采购单位；接着建立设备间的信息、结构连接关系；最后确定卫星基本的工作模式，并计算设计的卫星在质量、功率、能源、链路等方面的余量[17]。

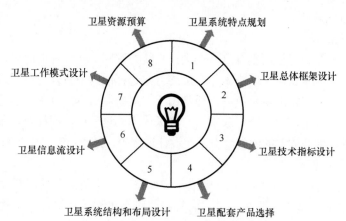

图 3-1 卫星系统总体设计工作框架

3.1 卫星系统特点规划

在进行卫星系统设计之前，可以根据卫星研制的根本目的或需求，确定卫星在研制过程中所遵循的基本特点，来指导进行卫星设计。卫星特点也可以认为是卫星在进行设计的过程中所要遵循的约束条件，是比较不同方案合理性的参考依据。

所规划的卫星特点可以根据任务的不同而有很大差别。卫星的设计是一个庞大且复杂的过程，势必很难做到面面俱到，而且，有时资源是有限的，在突出某个特点的时候，就会出现牺牲其他方面性能的情况。因此，卫星的系统设计是一个尽量最优化的组合方案，在卫星设计之初，就确立卫星设计的根本方针，可以帮助卫星在设计的过程中（如遇到方案的选择时）采取更适宜该卫星特点的方案。在进行卫星特点规划时，可以选择如下类似的特点词语。

（1）创新

作为新技术验证功能的一些卫星，可以将卫星定位为创新。例如，搭载了新型载荷进行技术验证的卫星，是需要对卫星平台中的多项关键技术进行验证的卫星。在上述卫星的系统设计过程中，在某些方案的选择上，可以大胆尝试选择一些较新颖的技术方案。例如，新的单机产品及设备、新颖的总线架构、新的姿态测量方案、新的控制算法等。但新技术的引入势必会带来可靠性的降低，而提高可靠程度，又可能带来成本的增加，因此，在方案选择时，可以把创新放在方案设计最优先考虑的位置，然后根据所引入的新问题，看是否能够通过相关方案解决。

（2）低成本

以低成本作为卫星研制特点，在进行系统方案和架构设计的时候，优先比较方案设计后的成本支出，以成本作为最终方案选择的约束条件进行系统设计，如商业卫星工作所研发的卫星星座，通常由于卫星研制成本的受限，会选择在满足卫星任务的基础上，尽量降低成本。在降低成本的过程中，同样可能带来可靠性降低等问题，受低成本的约束，卫星在设计过程中，是允许有一定失败概率的。

（3）高可靠

在完成重要任务的卫星星座构型中，如携带高价值载荷的卫星系统，处于关键核心地位、起到关键性作用，这时需要将高可靠放在进行卫星设计的核心位置，高可靠有时也伴随着长寿命。为了提高卫星系统的可靠性，通常会选择技术成熟度相对较高的技术方案，如有多次在轨飞行经历的技术方案、有较高的抗空间环境特性的技术指标的器件及材料等。高可靠卫星在进行系统设计的时候，会增加系统的研制成本、周期及系统复杂性等。

（4）小型化

作为搭载发射的卫星，有时会遇到的问题是小型化。此时，卫星的任务已经确定，但运载所能够提供的体积相对较小，为了保证卫星的搭载发射机会，只能在满足运载容量的前提下，进行卫星的小型化设计。卫星小型化设计的方案较多，如降低系统配置的方法、新型材料或微电子技术的方法、一体化设计的方法等。但与此同时，会额外带来可靠性降低或者增加成本等。

卫星特点远不局限于上述 4 种，可以根据特定的卫星功能或卫星任务来定义卫星的特点，如快速机动卫星、高清成像卫星等。卫星特点规划有时也可以是几种特点的排列组合，通过所关注的优先级顺序来指导卫星系统的设计和生产。

3.2　卫星总体框架设计

卫星系统总体上包括两个部分，分别为卫星平台以及卫星载荷。也有通过平台载荷一体化进行卫星系统设计的，但卫星在功能上仍然可以按照这两个部分划分。

卫星平台是保障载荷能够安全运行在轨道上的平台系统，按照最基本的功能可以划分为星载计算机模块、姿轨控模块、测控数传模块、电源模块、载荷模块，以及结构和热控。通常这些子模块也被称为卫星的分系统，如星载计算机分系统、姿轨控分系统、测控数传分系统等。卫星载荷系统通常为实现卫星应用的设备系统，可以包括一个载荷或包括多个载荷协同完成任务。一般情况下，将完成卫星主要功能的载荷称为主载荷。卫星系统总体框架如图 3-2 所示。

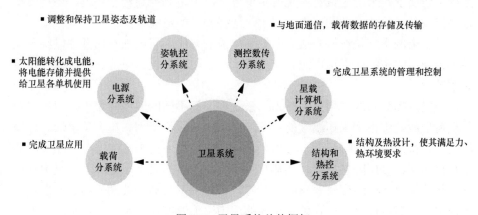

图 3-2　卫星系统总体框架

卫星总体框架设计就是根据卫星任务特点，初步确定卫星的组成部分、每一部分的基本方案、采用该方案的技术指标，并确定全部方案的技术是可以实现的[18-28]。

卫星星载计算机分系统是卫星的核心，用来完成卫星系统的管理和控制。星载计算机的核心是中央处理器，它决定了卫星程序运行的处理速度及能力。通常情况下，将星载计算机与电源控制部分放在一起，统称为卫星的综合电子分系统，即卫星的综合电子分系统包括卫星的星载计算机、卫星的测控模块、热控模块，并将该分系统做成一台单机设备形式放置于卫星。

卫星姿轨控分系统是用来调整和保持卫星姿态及轨道的分系统，通常包括姿态测量系统、姿态控制系统以及轨道部署、保持及离轨系统。姿态测量系统是由一种或多种姿态测量敏感器组成的，包括星敏感器、太阳敏感器、磁强计、地球敏感器、陀螺仪、GPS 等。姿态数据可以通过直接输出姿态信息的敏感器得到，也可以通过多种姿态敏感器合成计算得到。姿态控制系统是用来调整卫星的姿态，实现姿态保持或调整成某一种状态的系统，如实现卫星对地、卫星机动到某一角度进行拍照等。姿态控制系统通常为动量轮、磁力矩器。对姿态指向要求不高的卫星，通常仅采用磁力矩器作为控制系统；对于姿态指向要求较高的卫星，通常采用动量轮和磁力矩器组合的形式来进行卫星控制。在具有轨道部署、保持或离轨要求的卫星上，还需要携带推力器，如电推、化学推进等，可根据成本、能源限制条件、轨道部署要求等选择合适的方案，仅有离轨要求的卫星，可以选择离轨帆等装置。

卫星测控数传分系统包括卫星的测控系统和卫星的数传系统。测控系统实现的任务是与地面进行通信；数传系统实现的是载荷数据的存储和传输。通常情况下，根据卫星具有的频率资源，确定测控系统频段范围、测控体制、测控上下行码速率等，进而确定测控系统方案。数传系统根据载荷数据量的大小和数据下传要求，来确定数传系统的实现方案。卫星测控数传分系统，还需要根据测控设备及数传设备的能力和要求，选择相应的电线方案。

卫星电源系统是在轨完成太阳能到电能的转化，将电能存储并提供给卫星各单机使用的系统。卫星电源系统通常包括太阳能帆板、电池、电源变换及控制系统。

卫星热控分系统是用来保持卫星系统在空间不同的温度环境下，卫星平台及载荷仍能处于正常工作温度的系统。在轨道条件不苛刻、星上单机均对环境温度不是特别敏感的情况下，可以采用被动热控的方式来实现温度控制，即通过热控涂层、多层隔热材料、导热材料等实现卫星的温度平衡。若卫星中存在光学载荷等对环境温度较敏感的设备时，可以采用主动加被动相结合的形式，实现卫星的温度控制，即在敏感设备的周围添加温度控制环路，不敏感的设备周围采用被动热控方式,实现卫星热平衡。卫星结构分系统,即确定卫星基本构型、布局、材料、结构机构等,还需要特别考虑卫星与运载之间分离机构的方案选择。

3.3　卫星技术指标设计

卫星系统的技术指标可以大体分为卫星系统技术指标与卫星分系统技术指标。有些卫星系统的指标是根据卫星的约束条件来确定的,而有些卫星系统的指标是通过系统方案设计得到的。无论是哪一类指标,都需要在卫星总体设计结束前全部确定,同时,需要确保卫星技术指标的可实现性。

3.3.1　卫星系统技术指标

卫星系统技术指标是约束卫星系统本身的。多数情况下,微纳卫星系统技术指标来源于卫星系统的设计约束,卫星系统技术指标包括如下内容。

（1）包络尺寸

卫星包络尺寸是指卫星的最大外形尺寸。通常情况下,根据卫星所在状态的不同,分为发射时卫星包络尺寸和帆板展开后卫星包络尺寸,发射时卫星包络尺寸是由运载能够提供的尺寸所决定的。

（2）质量

卫星质量包括卫星本体的质量和卫星分离机构的质量,卫星质量要小于运载能够承载的质量。按照传统卫星质量的分类,$100\sim500\ kg$ 为小卫星,$10\sim100\ kg$ 为微卫星,$1\sim10\ kg$ 为纳卫星,$0.1\sim1\ kg$ 为皮卫星,小于 $0.1\ kg$ 为飞卫星。通常情况下,微纳卫星为小于 $100\ kg$ 的卫星。

（3）寿命

卫星的寿命是指卫星在轨可靠工作的时长,微纳卫星一般情况下工作寿命为 $1\sim3$ 年,随着技术水平的提升和技术验证的充分性,微纳卫星的寿命正逐步向 3 年以上发展。

（4）寿命末期可靠度

卫星的可靠性是指卫星在规定的条件下,在规定的时间内能够完成规定的任务的能力。为了量化这个指标,通常通过可靠度来衡量,可靠度被解释为卫星在相应的条件和时间内,能够实现规定功能的概率。因此,通过卫星工作在寿命末期的可靠度来衡量卫星的能力。

（5）轨道相关指标

卫星的总体指标还包括卫星运行的轨道的相关信息，该信息尽可能全地描述卫星所在轨道，如卫星运行的轨道类型、卫星运行的轨道高度、轨道倾角、轨道周期、降交点地方时等。

3.3.2 卫星分系统技术指标

卫星分系统技术指标包括系统约束性指标以及分系统通过基本方案的设计确定得到的指标，分系统技术指标具有分系统特性。

1. 星载计算机分系统技术指标

（1）处理速度

星载计算机的处理速度是反映 CPU 处理能力的重要指标，通常用单字长定点指令平均执行速度（MIPS）来衡量。不同微纳卫星所采用的 CPU 芯片不同，其处理速度不同。

（2）总线

星载计算机的总线是指星载计算机与外部设备之间进行信息传送的公共通信干线。微纳卫星的星载计算机的总线通常包括遥测遥控总线和数据总线。遥测遥控总线通常选用可靠性高、容错性高的总线形式，常见总线有 CAN、I^2C；数据总线通常选用传输速率较高的总线形式，常见的有 LVDS、RS-422 等。根据卫星的需求不同，还有一些常规的传统卫星总线形式或由工业商业总线经过改造后的总线可以应用，如 1553B、SpaceWire、RS-232、RS-484、BITBUS 等。总线的形式越多，卫星能够兼容的外部设备种类越灵活，但相应而来的是会增加系统体积、功耗等。

（3）指令条数

因为使用需求和应用场景的不同，卫星除了常规的总线上给出的遥控命令外，还包括可靠性较强的 OC 指令和电平指令，星载计算机联合电源分系统设计的 OC 指令条数和电平指令条数越多，卫星的安全性控制方式将越灵活。

（4）存储容量

计算机的存储容量是指计算机中能够存储二进制数的多少，通常以字节为单位进行表示，存储容量也是反映星载计算机性能的重要指标。星载计算机包括程序存储以及数据存储。存储容量越大，计算机性能越优，越利于星务软件及姿控软件的程序实现。

2. 姿轨控分系统技术指标

（1）姿态测量精度

姿态测量精度是通过姿态敏感器或姿态测量算法计算输出的姿态角度信息

与真实姿态角度的偏差值，若姿态敏感器可以直接给出姿态信息，则姿态测量精度的值直接为敏感器姿态测量的精度值。姿态测量精度的设置与姿态控制精度是相关的，测量精度优于控制精度。微纳卫星中，光学类微纳卫星的姿态测量精度要求最高，为 $0.001° \sim 0.01°$，其他类卫星（如通信类卫星）的姿态测量精度为 $0.01° \sim 0.1°$。

（2）姿态控制精度

姿态控制精度是指卫星希望控制达到的卫星姿态角度与实际卫星控制所达到的卫星姿态角度之间的偏差值。卫星姿态控制精度的设置与实际卫星任务有关。例如，微纳卫星中的光学遥感类卫星，通常要求被拍摄区域或物体不能超出光学载荷能够拍摄到的区域，因此，微纳卫星中光学类遥感载荷对卫星的控制精度要求是最高的，通常为 $0.1° \sim 0.01°$。其他卫星，如通信类微纳卫星，由于卫星任务对卫星姿态没有过高的要求，其天线覆盖范围能够覆盖地面通信设备所能够可靠发射或接收信号的范围即可，因此通信类微纳卫星的控制精度一般为 $0.1° \sim 1°$。

（3）姿态稳定度

姿态稳定度是指卫星能够保持随时间不变化的能力，姿态稳定度的定量描述为姿态控制角度随时间变化的关系。同样地，在微纳卫星中，光学类的卫星因成像任务的需求，对卫星的稳定度要求较高，通常希望卫星的稳定度能达到 $0.001°/s \sim 0.01°/s$。卫星的稳定度不仅来源于卫星姿态控制引起的卫星稳定度变化，而且会受到动量轮转速变化、帆板调整等其他部件带来的平台振动影响。因此，通常情况下，较高分辨率的光学遥感卫星会搭载角速度测量设备，通过测量结果对卫星图像进行相应的补偿。

3. 测控数传分系统技术指标

（1）测控体制

测控体制是测控系统、测控方式的总称。当前的测控体制通常包括微波统一测控系统、扩频统一测控系统、天基测控系统，未来还将发展天基导航、深空测控等测控系统方向。其中，微纳卫星通常选用的测控体制为扩频统一测控系统。

（2）工作频段

测控频段是指卫星测控所采用的电磁波的范围，为了保证航天测控任务的顺利执行，各主要航天国家和组织协商确定了测控通信系统的频谱规划，对空间操作业务和空间研究业务进行了频率划分。在 NASA 给出的频谱规划建议中，建议地球轨道飞行器的测控通信任务采用 S 频段和 Ka 频段，月球中继卫星与月球表面或轨道用户的往返通信使用 S 频段、Ka 频段，火星中继卫星与火星表面或轨道用户的往返通信使用 UHF 频段和 X 频段，深空探测器与地球单元测控链路使用 X 频段。我国航天测控系统也给出了测控允许采用的测控频段详细划分，主要包括 UHF 频段、L 频段、S 频段、C 频段、X 频段、Ku 频段等，微纳卫星常用的测控频段主要包括 UHF 频段和 X 频段[29]。

（3）码速率

码速率是指每秒能够传输的二进制码元的数目。卫星测控码速率是用来反映传输遥测、遥控数据码元的速率，码速率越大，所需要的通信带宽越大，同时能够传送的数据量越大。根据上行和下行不同，分为上行遥控码速率指标、下行遥测码速率指标以及数传码速率。根据卫星任务需要，通常还需要进行卫星软件的程序更新等任务，因此，除传统低速的遥控指令上行的码速率要求外，还对卫星提出了高速上行要求，高速上行的码速率能达到 1 MB，甚至更高。

（4）捕获门限

捕获门限是指卫星接收机能够捕获到遥控信号强弱的值，捕获门限参数是针对卫星的上行遥控信号来讲的。遥控信号在卫星和地面站之间传输，由于噪声干扰和路径衰减等，接收机待捕获的卫星信号的信噪比通常较小，很容易造成捕获不到卫星信号或者捕获到错误的卫星信号的情况，为了减少这类情况的出现，接收机的捕获电路应该根据信号的强弱合理设置捕获门限[30]。

（5）等效全向辐射功率

等效全向辐射功率是针对卫星的下行遥测信号来讲的，是卫星在某个指定方向上的辐射功率，理想状态下等于功率放大电路的发射功率乘以天线的增益。

（6）误码率

误码率是衡量数据在规定时间内数据传输精确性的指标，误码率等于传输中的误码除以所传输的总码数，再乘以 100%。微纳卫星的遥测遥控信息传输中，对误码率的要求相对较高，要达到 10^{-6} 以上。

（7）载荷数据存储容量

这里的存储容量是针对载荷数据的存储容量，该存储容量是通过对载荷的数据量进行估算得到的。通常情况下，微纳卫星中光学遥感类卫星的载荷数据相对较大，因此要求载荷数据存储容量较大。

（8）天线增益

天线增益是指在输入功率相等的条件下，实际天线与理想的辐射单元在空间同一点处所产生的信号的功率密度之比。它定量地描述天线将输入功率集中辐射的程度。天线增益与天线的方向图有密切关系，方向图主瓣越窄，副瓣越小，增益越高。

4. 电源分系统技术指标

（1）蓄电池容量

蓄电池容量是指在规定的放电强度、放电电流、放电终止电压等条件下，蓄电池能够放出的电量。卫星的蓄电池容量与卫星上全部设备在阴影期所消耗的电量相关，它是通过估算并留有余量得到的。

（2）太阳能帆板面积

太阳能帆板面积是卫星设计后太阳能帆板的大小，是衡量卫星能够提供的电能的技术指标。太阳能帆板面积是根据卫星工作所消耗的电能进行计算得到的，同时，太阳能帆板面积与卫星所在的轨道位置、姿态相关。卫星并不能保证每时每刻都能接收到直射的光照，因此，不含有帆板调节转动机构的卫星，通常在太阳能帆板面积设计的时候，需要考虑光照角度这一因素。

5. 载荷分系统技术指标

根据卫星所携带载荷的不同，在卫星总体设计阶段，应给出相对全面的载荷分系统技术指标。

3.4　卫星配套产品选择

卫星是一个庞大复杂的系统，根据所完成的功能不同将卫星分为不同的分系统，而分系统是由不同的单机设备组成的，因此，卫星实际上是由完成不同功能的单机设备互联形成的一个系统。单机设备作为卫星的最基本组成单元，其产品的功能和性能直接关系着卫星系统的性能，因此，单机设备的选择是卫星系统设计的一个重要内容。

传统卫星的设计采用定制化的形式。在这种研制模式下，单机设备的选择是通过设计卫星架构后提出的产品指标，来指定专门的单位，定制化生产相应的单机产品。这种模式的优势是：能够充分发挥单机产品性能，无浪费及冗余功能与资源。但是，定制化的生产模式往往开发周期长、开发成本高，因为定制化的生产模式浪费了设计师大量的论证及研发时间以及相同模块重复投产的时间，且定制化生产模式会带来新研产品中，新设计模块中风险的增加，因此，微纳卫星通常不采用该种设计模式。

随着商业航天的迅速发展，普遍更受微纳卫星欢迎的一种卫星单机设备的选择模式是采购货架式的航天产品进行拼搭。国内外很多航天科研院所以及商业公司根据自身的技术优势，推出了相对应的航天货架式产品，供卫星设计人员选购。这种模式节省了卫星制造的时间和成本，卫星设计人员熟悉相关公司的产品功能及技术指标，需要时可直接进行选购，同时，这种模式因其产品多数具备在轨飞行经历，单机设备的可靠性大大提高。但是，商业货架式的选购形式也带来了相应的问题。例如，货架式产品的功能和性能是确定的，可供选择的产品种类相对固定，因此，对卫星总体设计的灵活性大大降低，同时，需要根据所选产品进行相关的适应性更改等。总体来说，微纳卫星中卫星平台采购的商业货架式产品大多是姿轨控分系统产品和蓄电池产品，也有部分是星载计算机、测控应答机等设备，还有少部分卫星会采购电源管理设备等。航天的货架式产品中也有与载荷类相关的产品，特别是光学载荷类，可以供卫星设计师选配。随着航天加固技术的逐步成熟，光学载荷还可以通过选用现有的工业或商业产品，通过加固技术，直接作为卫星的载荷使用[31]。

在选用货架式卫星产品（其配套框架如图 3-3 所示）时，通常需要关注产品的功能、技术指标、寿命、飞行经历、体积、质量、包络尺寸、安装形式、机械接口、电气接口、数据协议等。当确认产品能够实现所需要的功能和性能时，可以进行机械、电气、数据等接口的适配，确认其能够符合系统的设计要求后，即可启动采购。下面对一些常规可供卫星系统设计所采用的航天货架式产品进行简单介绍，设计师可以根据经验灵活地进行产品的优选。

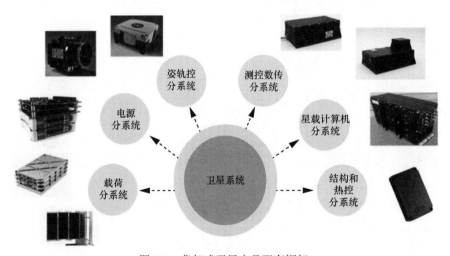

图 3-3　货架式卫星产品配套框架

1. 星载计算机

（1）Honeywell 公司星载计算机

Honeywell 公司提供了专门用于卫星的星载计算机（如图 3-4 所示），该计算机具有抗辐照功能，且为冗余备份设计。该星载计算机采用的中央处理器为

PPC 603E，其处理能力为 152 DMIPS，具有 32 MB 可抗辐照的 SRAM 和 4 MB 的 EEPROM，具备优良的处理能力和存储能力，主要测控控制总线为 1 553 B，同时提供了其他多种总线控制接口。

图 3-4　Honeywell 公司可供选购的星载计算机

（2）Gomspace 公司星载计算机

Gomspace 公司是一家致力于提供标准微纳卫星产品、组件、平台的公司，从事全球空间系统和服务。Gomspace 公司针对纳星级别的卫星，提供了较全的货架产品体系。

Gomspace 公司针对微纳卫星提供了如 NanoMind A3200、NanoMind Z7000 等星载计算机产品。以 NanoMind Z7000（如图 3-5 所示）为例，该产品提供了双 ARM 核，主频大于 800 MHz，具有 1 GB 的 DDR3 RAM 和 32 GB 的数据存储能力，能够适用于载荷在轨的数据处理，同时，提供了 SPI、I^2C、URAT 和 CAN 等数据总线接口。

图 3-5　Gomspace 公司可供选购的 NanoMind Z7000 型星载计算机

2. 姿轨控分系统

Hyperion 公司是一家致力于航天姿控系统产品的生产厂商，该公司生产的产品多数是为了微纳卫星研制的，产品包括姿态测量设备、姿态控制设备、集成的姿态测量控制系统、推力器、载荷数据处理单元等。

ST400 是 Hyperion 公司开发的高端微纳卫星星敏感器（如图 3-6 所示），其测量精度为 10 arcsecond，数据更新速率为 5 Hz，数据传输接口为 RS422 或 RS485，质量仅为 280 g，具备良好的抗空间辐照性能。同时，该款产品设计了一个精妙的光学系统，能够避免太阳光的干扰，适用于复杂轨道光照环境下的姿态测量。

图 3-6 Hyperion 公司可供选购的 ST400 型星敏感器

RW400 型动量轮（如图 3-7 所示）适用于微纳卫星使用，具有三种型号，分别在两个方向上提供 15 mNms、30 mNms 或 50 mNms 的角动量存储，该反作用轮的 3 种配置产品均具有 2 mNm 的力矩，同时，提供 I^2C 接口，用户可以根据需要选配 RS422、RS485 和 CAN 接口等。该设备的主要器件的抗辐照指标参数达到 50 krad，尺寸小于 50 mm×50 mm×275 mm，质量分别为 155 g、210 g 和 375 g。

图 3-7 Hyperion 公司可供选购的 RW400 型动量轮

iADCS400 集成姿态测量控制系统（如图 3-8 所示），集成了 Hyperion 公司自主开发的 ST200 星敏感器、RW400 型动量轮以及 MTQ400 系列磁力矩器，体积为 0.7 U。该系统能够实现 30 arcsecond 的姿态测量精度，具备 I^{2}C 通信总线接口，可以选配 RS422、RS485、CAN 等总线接口。它能够精确地指向和回转 6～12 U 的立方体卫星平台或具有类似惯性矩的平台。它具有多种操作模式，其中一种是目标跟踪模式，该模式允许用户输入地球上某个点的纬度和经度，然后系统将预先定义的仪器朝向该目标，直到目标进入视野。

图 3-8 Hyperion 公司可供选购的 iADCS400 集成姿态测量控制系统

3. 测控数传分系统

Syrlinks 公司是一家专门从事无线电通信和射频产品开发的公司，该公司的产品广泛应用于航天、航空、安全救援及通信等领域。Syrlinks 公司提供了多款可以用于微纳卫星测控收发机以及数传发射机的产品。

Syrlinks 公司研发的 EWC15 型 S 波段测控收发机（如图 3-9 所示）可以用于卫星的遥测、遥控，同样适用于星间通信。该设备的寿命可达 5 年，发射功率为 33 dBm，数据速率为 16 Kbit/s / 400 Kbit/s，该产品还具有成本低、功耗低、质量轻、体积小等特点。

图 3-9 Syrlinks 公司可供选购的 EWC15-C 型 S 波段测控收发机

Syrlinks 公司研发的 EWC28 型 X 波段高速数据发射机（如图 3-10 所示）数据速率达 100 Mbit/s，质量仅为 1 kg，具有性能高、数据率高、成本低、功率消耗低等特点。

图 3-10　Syrlinks 公司可供选购的 EWC28 型 X 波段高速数据发射机

4.　电源分系统

（1）ISISPACE 公司提供的电源系统

ISISPACE 是一家提供卫星产品、平台、发射及运行等服务的公司，该公司提供了 iEPS 型立方体卫星电源系统及 IMEPS 型微纳卫星电源控制及管理系统等产品。

IMEPS 型微纳卫星电源控制及管理系统（如图 3-11 所示）是 ISISPACE 公司生产的第二代电源产品。与先前产品比较，其效率更高，模块化程度也更高，能够实现电源的功率调节、电池管理、系统配电等电源系统控制和管理的功能。

图 3-11　ISISPACE 公司可供选购的 IMEPS 型微纳卫星电源控制及管理系统

（2）AAC Clyde Space 公司提供的电源系统

AAC Clyde Space 公司是一家卫星产品及卫星系统生产厂家，为政府、商业、教育等提供了先进的空间技术解决方案。

STARBUCK 型电源控制和管理系统（如图 3-12 所示）是 AAC Clyde Space 公司的产品，目前已经交付在轨超过百套。该系统提供最大功率点跟踪或直接能量输出模式，能够实现电源管理、控制及配电等功能，模块化的设计提供了更开放的可扩展性。

图 3-12　AAC Clyde Space 公司可供选购的 STARBUCK 型电源控制和管理系统

AAC Clyde Space 公司还提供了太阳能帆板及电池的产品。PHOTON 型太阳能电池阵（如图 3-13 所示）产品具有太空级 Kapton 覆盖层的 PCB 基板，同时集成了粗太阳传感器、温度传感器，具有超过 10 年的在轨飞行经历。

图 3-13　AAC Clyde Space 公司可供选购的 PHOTON 型太阳能电池阵

OPTIMUS 型电池（如图 3-14 所示）系列是 AAC Clyde Space 公司提供的。该电池采用了并联连接的电池串，并集合了电池保护电子设备和恒温加热器，能够进行欠压和过压保护，因此，该产品具有更坚固、更有弹性等特点。

图 3-14　AAC Clyde Space 公司可供选购的 OPTIMUS 型电池

综上所述，目前能够提供微纳卫星货架产品的公司非常多，可供选择的产品的种类和功能也很多。上文仅展示了部分公司的部分产品，更多性能优良的产品还待设计师自行总结和发现。货架式产品选配的方式，能够提高卫星系统设计的时间和成本，为卫星系统设计提供一个更开放的设计空间。

3.5 卫星系统结构和布局设计方法

卫星系统结构是卫星系统的重要支持，负责为卫星系统的各个分系统提供良好的支撑和安装环境。良好的卫星系统结构能够保证卫星系统在无冗余的前提下，具有良好的动力学和抗振动扰动等特性，特别针对光学遥感载荷，其能够充分保证载荷的工作环境，为载荷系统发挥最优的性能提供坚实的保障。

在总体设计微纳卫星之初，需要进行与结构相关的总体设计，具体为建立卫星系统的坐标系、卫星系统结构及卫星中大型部件的构型，并针对卫星产品配套进行初步的系统舱内及舱外系统布局。通过卫星系统初步构型和布局的设计，可以确认卫星系统对运载接口的满足情况，包括卫星系统质量、体积、质量特性、力学环境等。

3.5.1 卫星系统坐标系的建立

为了确定卫星系统的飞行方向，需要建立卫星系统的坐标系，明确卫星系统在不同工作模式下（如对日定向、对地定向等），卫星将采用的具体的飞行姿态。卫星系统坐标系能够明确卫星系统与各部件单机、部件单机与部件单机、卫星系统与运载、卫星系统与卫星轨道等的空间相对位置关系。

卫星系统坐标系的建立，首先是确定卫星系统的几何中心，确定的方法包括两种。一种是将卫星系统的质心定义为卫星系统的中心；另一种可将卫星系统与运载火箭的星箭对界面中心，作为卫星系统的几何中心。

卫星系统坐标系中，+Z 方向为卫星系统的对地方向，以光学遥感相机作为载荷，用于完成对地观测任务的卫星。通常情况下，光学遥感相机的镜头指向为卫星系统的+Z 方向。与+Z 方向相反的另一侧，为卫星系统的-Z 方向。

卫星系统坐标系中，+X 方向为卫星系统的飞行方向，且+X 方向在轨道平面内，与 Z 轴垂直。与+X 方向相反的另一侧，为卫星系统的-X 方向。

与+Z 轴、+X 轴满足右手坐标系法则的方向，定义为卫星系统的+Y 方向。与卫星系统+Y 方向相反的另一侧，为卫星系统的-Y 方向。

3.5.2　卫星系统基本构型的建立

在确认了卫星系统坐标系后，卫星可以进行基本构型的建立，微纳卫星系统基本构型的建立主要包括三方面，分别是卫星系统外形设计、卫星系统主承力结构设计以及卫星系统舱段划分。

1. 卫星系统外形设计

通常卫星系统外形设计是根据卫星系统所需要完成的特殊任务、卫星系统姿态控制要求及卫星所搭载的运载火箭中，整流罩的空间尺寸限制决定的。微纳卫星系统外形最常用的形式是矩形体外形，也有圆棱柱体外形，立方体卫星采用的是由 1 U 的正方体结构拼接而成的长方体外形设计，少数微纳卫星系统会采用球形的外形设计，如图 3-15～图 3-18 所示。

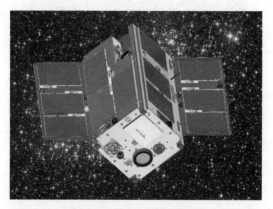

图 3-15　矩形体外形设计

图 3-16　圆棱柱体外形设计

图 3-17　立方体卫星长方体外形设计

图 3-18　球形外形设计

2. 卫星系统主承力结构

卫星系统的结构可分为主结构和次结构。主结构也称主承力结构，是卫星系统结构的"脊梁"。主承力结构负责完成与运载火箭对接，主要承受发射时火箭推送传来的力。主承力结构有时也包括卫星与运载火箭的对接段。次结构是由上述主承力结构分支出来的卫星上其余各种结构，如各种部件设备的安装结构和卫星外壳结构等。另外，次结构包括展开式太阳能帆板结构和一些天线结构。

卫星常用的主承力结构形式有中心承力筒结构形式、箱板式结构形式、桁架式结构形式[32]、壳体式结构形式。中心承力筒结构是传统大卫星常用的一种结构形式。壳体式结构形式多用于返回式卫星。也可以将以上两种或两种以上的结构形式用于同一个卫星，形成混合式的卫星系统结构形式。

（1）中心承力筒结构形式

中心承力筒结构以筒壳结构作为主承力结构，筒壳通常采用圆柱或圆柱与圆锥的组合，其位于卫星的中央。与运载火箭负责对接的是卫星上主要承载的机构件。中心承力筒的结构可采用以下形式。

① 光壳结构：没有轴向和加强件的对称薄壁结构。

② 波纹壳：将光壳的筒壁沿轴向做成波纹而形成的结构。

③ 网格加筋结构：具有等边三角形、菱形等网格形式的密筋薄壁壳结构。

④ 桁条加筋壳结构：对薄壁光壳用轴向桁条进行加强形成的结构，如图 3-19 所示。

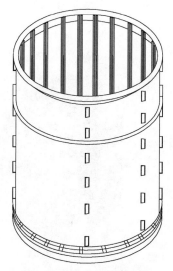

图 3-19　桁条加筋壳结构

⑤ 蜂窝夹层壳：壳壁外表面有强度和刚度较高但很薄的面板，里面有密度很低但高度尺寸较大的蜂窝芯子复合而成的一种结构，如图 3-20 所示。

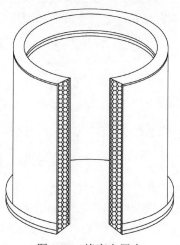

图 3-20　蜂窝夹层壳

（2）箱板式结构形式

箱板式结构采用板式结构作为卫星系统整星基础结构件，它是目前微纳卫星中常用的结构形式，箱板式卫星结构常采用以下形式，如图 3-21 所示。

① 钣金成型，将金属板通过模具形成角形、槽形及工字形作为梁构件或直接选用型材进行组装，形成框架板结构。

② 金属厚板材通过整体加工，形成整体式框架板结构。

③ 整体铸造成形。

④ 用复合材料铺设成形。

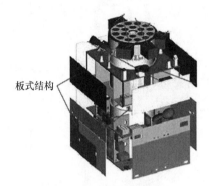

板式结构

图 3-21　箱板式结构

这种箱板式结构是通过组装梁构件、整体机械加工、铸造或膜压复合而形成的整体结构，具有很高的强度、刚度，并且具有较大的尺寸，同时，该种结构便于操作，能适应多种机械接口。为了降低卫星系统质量，目前箱板式结构中，广泛采用蜂窝夹层板。蜂窝夹层板是典型的轻质结构件，由面板、蜂窝芯子和胶层组成，蜂窝夹层板为了避免耦合效应和固化后引起的翘曲变形，上下面板具有相同的材料和相同的厚度。蜂窝夹层板常用材料包括铝合金、碳纤维、玻璃布复合材料等。

（3）桁架式结构形式

桁架式结构是卫星系统采用的杆或杆系结构的总称，具体包括梁、杆、刚架、桁架、组合结构、拱及悬索等。通常情况下，桁架式结构的形式可按照以下方法进行分类。

① 按照杆系所在的空间位置进行分类，分为平面桁架和空间桁架。空间桁架又分为可简化成平面桁架式和不可简化成平面桁架式，其中不可简化成平面桁架式又可分为网架结构、塔架结构和起重机构架。

② 按几何构造的特点分为简单桁架、联合桁架和复合桁架。

③ 按受力和承载特点分为静定桁架、静不定桁架和刚架。

④ 按空间是否可伸展分为固定式桁架和可伸展式桁架。

⑤ 按其相对于卫星本体的刚性分为刚性桁架和柔性桁架。

⑥ 按桁架在卫星中的作用分为主承力桁架、支撑性桁架和连接性桁架。

桁架结构具有设计灵活、空间可伸展及易组装等特点。

3. 卫星系统舱段划分

为了增加卫星系统布局的合理性、卫星系统安装的灵活性及卫星系统部件间的隔离程度，有时会根据需要对卫星系统内部的空间进行舱段划分。通常情况下，舱段划分方法包括以下两种。

（1）卫星平台舱及卫星载荷舱

该种划分方法是将卫星平台设备和卫星载荷设备分离，卫星系统将除载荷外的设备及部件，放置在一个舱体内，卫星载荷放置在另一个舱体内。

（2）卫星电子学舱、卫星控制舱及卫星载荷舱

该种划分方法是将卫星系统平台部组件中除了姿控部组件外的电子产品放入同一个舱体内，将姿控分系统放入同一个舱体内，卫星系统的载荷单独放置在一个舱体内。

卫星系统分舱的设计可对简化卫星系统互联、节约卫星系统体积、增加卫星系统电磁兼容性、提高卫星系统制造与测试的并行性等方面，起到一定的帮助作用。

3.5.3　卫星系统布局的设计

卫星系统布局主要是指对卫星系统所采用的单机及设备部组件进行合理放置，包括对卫星系统舱内的设备布局和对卫星系统舱外的设备布局。卫星系统舱内主要放置卫星平台的设备与部组件产品，以及卫星载荷的设备与部组件产品；卫星舱外主要放置天线、太阳能帆板等部件产品，有时根据卫星系统需要，卫星舱外也会放置太敏、磁强计等有特殊需求的设备及部组件产品。

卫星系统布局是一项复杂的、需要不断权衡和取舍的过程，需要考虑运载火箭对卫星的包络要求、对卫星系统的质量特性的要求、各分系统单机设备对卫星系统安装的特殊要求、卫星系统的热设计要求、电磁兼容性要求、抗辐照要求等。同时，需要考虑与卫星总装测试方面相关的要求，如卫星系统在总装过程中的操作空间、卫星系统电缆网的轻量化设计等。

卫星系统布局的一般流程为：首先，确定卫星系统中要求较高或体积较大的卫星部件位置，如卫星系统主载荷位置、卫星系统姿控部件的位置、卫星系统推力器的位置等；然后，将其他设备及部组件产品进行合理布局，在系统布局的过程中，必须考虑相关部件的视场遮挡问题，如对天线覆盖区域的遮挡情

况，对光学相机视场遮挡的情况，对星敏、太敏等具有视场的设备及部组件的视场遮挡情况。

3.6 卫星信息流设计

卫星可以看作将各种单机设备进行互联的系统，或将各个分系统进行互联的系统，这样的一个互联系统，通过数据信息网络交互在一起，实现互联互通。传统的大卫星，通过中心计算机联合下位机进行卫星信息网络的管理和控制，微纳卫星系统为了简化结构，通常由星载计算机统一进行信息网络的管理和控制。卫星数据信息系统，实现了卫星系统内部的信息互联，同时实现了地面对卫星系统的控制和管理。

卫星系统的数据信息交互的网络，一般被简称为卫星信息流。根据传递信息的种类不同或者通信的视角不同，可将信息流进行划归分类，包括遥测信息流、遥控信息流和载荷数据信息流。本书讨论的只是卫星各种信息数据在系统内部间的传输，不涉及卫星信息系统的管理。

遥测信息流的主要功能是：收集卫星中各单机的状态信息，在星载计算机中汇总打包，通过遥测通道下传地面，帮助地面了解卫星实时的工作状态。

遥控信息流的主要功能是：地面通过遥控通道，将控制指令上传至卫星，由测控应答机直接控制，或由星载计算机进行控制，完成相应的动作。

载荷数据信息流的主要功能是：将载荷数据由载荷发出，通过数据下传通道发送至地面，地面接收卫星载荷数据后，进行相关的载荷数据产品处理。

3.6.1 常用接口及数据格式

卫星信息流是卫星上全部数据通信传输网络的总称，包括遥测信息流、遥控信息流、载荷数据信息流。

卫星信息进行交互的时候，交互的方式体现在两个方面，分别是硬件的电气接口以及软件的数据协议。因此，卫星信息流的设计即设计如何实现卫星系统内部的电气接口互联，以及设计卫星系统内部之间交互的通信协议。

卫星信息流在进行设计的时候尽量遵循如下原则：电气接口的物理实现尽量简单；电气接口可靠；尽量统一卫星系统内容的电气接口类型；数据通信速率高；通信协议简单、容错性好。

希望卫星信息流设计能够通过简单的物理方式实现高可靠的互联。

3.6.1.1　电气接口类型

卫星信息流设计的一个关键部分，是设计通过何种方式将卫星系统进行硬件互联。微纳卫星系统是通过星载计算机，完成对卫星上各单机部件的管理。因此，为了能够实现星载计算机对各部件的管理，需要将各单机部件连接至星载计算机上。若每个单机部件都通过一个硬件接口连接至计算机，则会造成物理上的极大浪费。随着计算机技术的不断发展，通过总线的形式实现卫星信息系统的互联，是方便、可靠且简单的一种形式。

总线可以看作各种功能部件之间传送信息的公共通信干线，它是由导线组成的传输线束构成的。因此，卫星系统内部可以通过公共总线的形式，将卫星系统的各个部件连接在一起。按信息传输的形式，总线可分为并行总线和串行总线。并行总线方式是指对二进制信息采用多条信号传输线同时传送的方式，其特点是传输速度快，但增加了系统之间连接关系的复杂度；串行总线方式是指对多位二进制信息共用一条传输线，多位二进制信息按时间顺序通过总线，它的特点是结构简单，但传输速度较慢。

在进行总线的使用时，需要关注以下几方面的总线特性，进而正确操作和使用总线。

（1）物理特性

物理特性又被称为机械特性，指总线上部件在物理连接时表现出的一些特性，如插头与插座的几何尺寸、形状、引脚个数及排列顺序等。

（2）功能特性

功能特性是指每一根信号线的功能，如遥测总线的信号线将传送遥测信号，数据总线的信号线将传送数据信息。

（3）电气特性

电气特性是指每一根信号线上的信号方向以及有效的电平范围。

（4）时间特性

时间特性又被称为逻辑特性，指在总线操作过程中每一根信号线上信号什么时候有效，通过这种信号有效的时序关系约定，确保了总线操作的正确进行。

随着微纳卫星总线技术的不断成熟，形成了一些常用的卫星总线及其标准，有的适用于遥测遥控信息传输，有的适用于数据信息传输，也有的适用于特定的设备与星载计算机之间进行互联。

常用于遥测遥控的卫星总线形式包括 MIL-STD-1553B 总线、CAN 总线及 I^2C 总线。MIL-STD-1553B 起初是专为飞机上设备指定的信息传输总线，相对来讲通信更可靠、稳定，但资源成本的耗费也相对较高，是小卫星及以上卫星的常用选择；CAN 总线来自商业用途，最开始用于汽车电子控制系统中，后来被用于卫星，CAN 总线以其诸多优势，成为微纳卫星中用于遥测遥控的常用形式之一；I²C 总线也来自商业用途，起初是为了应用于电视机与外围芯片间的互联，后被应用于卫星，I²C 总线是 3 U 及以下的立方体卫星中常用的总线形式。

1. MIL-STD-1553B 总线

MIL-STD-1553B 总线通常是小卫星以上的卫星选用的卫星总线，用来实现卫星的遥测及遥控信息的传输。该总线的特点是分布处理、集中控制、实时响应和可靠性非常高，其可靠性机制包括防错功能、容错功能、错误的检测和定位、错误的隔离、错误的校正、系统监控及系统恢复功能。该总线采用双冗余系统，有两个传输通道，保证了良好的容错性和故障隔离。但 MIL-STD-1553B 总线价格昂贵、功耗较大、传输匹配严格、连线要求高且比较耗费卫星系统体积等资源。

MIL-STD-1553B 总线传输速率为 1 Mbit/s，总线传错字差错率为 10^{-7}，它是一种中央集权式串行总线，最多可以容纳 31 个远置终端。MIL-STD-1553B 总线系统主要由 3 部分组成：总线控制器、远程终端、总线监视器。总线控制器负责总线的调度、管理，是总线通信的发起者和组织者。由于 MIL-STD-1553B 总线采用中央集权式的总线管理，在整个通信过程中，只有总线控制器是主动参与总线通信的，所有的数据传输必须由总线控制器启动，远程终端只能被动接收或者发送数据。因此，任何一次通信过程都必须由总线控制器参与，远程终端只能被动接收或者发送与自己有关的数据，对远程终端来说，与自己无关的数据是透明的。总线控制器根据预先设定的通信协议，主动组织各个远程终端参与通信，完成数据的传输，合理的通信协议可以使远程终端主动向总线控制器发出数据传输请求，总线控制器根据远程终端发出的数据传输请求，组织相应的远程终端接收或发送数据。一般来说，总线控制器是某个星载设备的全部功能的一部分，必须统一考虑通信协议的制定、软件与硬件的设计，从系统的高度安排总线的各种消息。远程终端根据预先设定的通信协议接收和发送数据。由于远程终端只能被动参与总线通信，软件的设计和总线控制器的工作方式是密切相关的，因而在软件的设计上必须有充分的安全考虑。和总线控制器一样，远程终端一般是某个星载设备的全部功能的一部分，远程终端本身只是个通信的桥梁，通信软件往往是为数据收集和分发服务的。总线上的所有通信过程对总线监视器来说都是可见的，因而总线监视器能够全部或选择性地监视总线的通信过程，对通信状态进行分析和判断，给出参与总线通信的总线控制器和各个远置终端的运行状态和健康状态。总线监视器作为星载设备不是必需的，往往被用作总线控制器的备份，监视总线控制器的健康状况，在必要的条件下代替之。

2. CAN 总线

CAN 是控制器局域网络的简称，是由以研发和生产汽车电子产品著称的德国 BOSCH 公司开发的，并最终成为国际标准（ISO 11898），是国际上应用最广泛的现场总线之一。CAN 总线是目前在微卫星中最常使用的一种总线形式，主要用于卫星系统遥测遥控信息的传输。CAN 总线的传输速率最高达 1 Mbit/s，通信距离可达 10 km。

CAN 属于现场总线的范畴，它是一种有效支持分布式控制或实时控制的串行通信网络。CAN 总线的特点和优势如下。

（1）网络各节点之间的数据通信实时性强

CAN 控制器工作于多种方式，网络中的各节点都可根据总线访问优先权，采用无损结构逐位仲裁的方式竞争向总线发送数据，以通信数据进行编码，使不同的节点可以同时接收到相同的数据。进而，使 CAN 总线构成的网络各节点之间数据通信实时性强，且容易构成冗余结构，提高系统的可靠性和灵活性。

（2）能够完成对通信数据的成帧处理

CAN 总线通信接口中集成了 CAN 协议的物理层和数据链路层功能，可完成对通信数据的成帧处理，包括位填充、数据块编码、循环冗余检验、优先级判别等工作。

（3）网络内节点的个数在理论上不受限制

CAN 协议废除了传统的站地址编码，取而代之的是对通信数据块进行编码，采用这种方法可使网络内的节点个数在理论上不受限制。数据块的标识符可由 11 位或 29 位二进制数组成，可以定义两个或两个以上不同的数据块，通过这种编码的方式，使不同节点同时接收到相同的数据，因此，CAN 总线非常适用于分布式系统。

（4）各节点之间可以实现自由通信

CAN 总线采用了多主竞争式总线结构，具有多主站运行和分散仲裁，以及广播通信的特点。CAN 总线上任意节点可在任意时刻主动向网络上其他节点发送信息，而不需要区分主次，因此，能够实现信息在各节点之间自由通信。

（5）物理资源少、结构简单、系统易搭建

CAN 总线采用两根线，极大地节约了物理资源，且内部集成了错误探测和管理模块。CAN 总线协议已被国际标准化组织认证，技术成熟。CAN 总线控制芯片已经商品化，性价比高，能够方便构成卫星分布式系统结构进行数据通信。

3. I^2C 总线

I^2C 总线是一种简单的双向二线制同步串行总线，与 CAN 总线一样，只需要两根线即可在连接于总线上的器件之间传送信息。I^2C 最大的特点是电路实现简单、功耗低，因此，I²C 常用于纳卫星以下的立方体卫星系统结构中。

I²C 采用的两根线，分别为串行数据线和串行时钟线。I²C 总线上的设备分为主从两种类型，主设备主动发起 I²C 业务，I²C 请求的方式是主设备发起数据传输并激活时钟信号来允许数据传输。每个 I²C 设备都有一个唯一的地址，主设备通过 I²C 地址访问从设备。主从设备并不固定，有些设备可以做主设备也可以做从设备，I²C 总线也支持多主设备，即多个设备可以同时发起 I²C 业务。多主设备存在的情况下，依赖时钟同步和仲裁来确定此刻谁能够获取 I²C 的控制权。I²C 总线有三种数据传输速度：标准模式、快速模式和高速模式。标准模式传输速率是 100 Kbit/s，快速模式是 400 Kbit/s，高速模式为 3.4 Mbit/s，所有的传输速率模式都可以兼容比其低速的传输速率模式。

I²C 数据总线的特点及优势如下。

① 电路系统实现简单。I²C 在硬件实现上，只需要一根数据线和一根时钟线，总线接口已经集成在芯片内部，不需要额外的接口电路，片上接口电路的滤波器可以滤去总线数据上的毛刺，因此，I²C 总线简化了硬件电路 PCB 布线，降低了系统成本，提高了系统可靠性。

② 总线具有极低的电流消耗。微纳卫星常用的数据总线为 SpaceWire、LVDS、Cameralink。其中，SpaceWire 具有传输速率高、传输可靠性高等特点，是专为航空航天高速数据传输而开发的一种总线形式。但该总线相对来讲较新，且物理资源耗费较大，是小卫星会选用的一种数据总线形式。相对来讲，LVDS总线则是微纳卫星普遍采用的一种用于载荷数据传输的数据总线形式，其传输速率相对较高，资源耗费率又相对较低；也有一些卫星，对载荷数据的传输速率要求较低或系统资源相对紧张，则采用传统的串行总线进行数据传输。

1. SpaceWire 总线

SpaceWire 总线是专门为了航空航天需要而开发的一种用于空间的高速数据总线，传输速率可达 400 Mbit/s，数据包长度不受限制，数据传输的电缆长度最长可为 10 m，具备数据速率可调、容错性高等特点，总线为双向、全双工的链路。SpaceWire 总线是卫星中载荷数据对传输速率有较高要求时，应用的一种总线形式。但 SpaceWire 物理资源消耗较大，是小卫星及以上会应用的总线，而且，SpaceWire 在卫星中的应用相对较新，最新的大卫星系统中，会配置 SpaceWire 数据总线作为载荷数据的传输方式。

SpaceWire 总线标准中定义其分为物理层、信号层、字符层、交换层、数据包层和网络层共 6 个层次，分别规定了总线的物理构造、信号电平信号编码、数据流和控制字、链路协议、数据流向规则以及通信网络。SpaeceWire 网络是一种正在不断发展、完善中的高速数据传输技术，新的补充协议加入协议簇中，新的应用产品也不断出现。这种采用交换机制的高速串行全双工技术为载荷数据处理系统向低功耗、可靠、可重用新结构的发展提供了有效手段。

2. LVDS 总线

LVDS 总线技术是一种低摆幅的差分信号技术，起初是为了克服 TTL 电平传输过程中，当数据传输为高码速率时，功耗大、电磁干扰大等问题，而研发的一种数字视频信号传输方式。LVDS 总线技术使信号在差分 PCB 线对或平衡电缆上以几百兆比特每秒的速率传输，其低压幅和低电流的驱动输出方式，实现了低噪声和低功耗。LVDS 总线是光学遥感类微纳卫星中常用的一种载荷数据传输方式。

LVDS 信号传输一般由三部分组成：差分信号发送器、差分信号接收器、差分信号互联器。差分信号发送器是用于将非平衡传输的 TTL 信号转换成平衡传输的 LVDS 信号；差分信号接收器是用于将平衡传输的 LVDS 信号转换成非平衡传输的 TTL 信号；差分信号互联器由连接线、电缆或 PCB 走线等在终端加匹配电阻共同组成。

除以上常用的主流遥测遥控总线、数据总线外，一些对数据传输速率没有较高要求的载荷设备，或其他通用设备，也会采用一些传统的总线形式进行数据传输或遥测遥控，这时就需要如星载计算机、测控数传设备等，具备一定的接口兼容能力，能够适用于一些特殊设备的总线。这类传统的总线形式包括如 RS422 接口、RS485 接口及 SPI（串行外设接口）等，但这类总线普遍具有控制方式仅为主从方式、常用数据传输使用速率相对较低、数据传输可靠性较低等问题，因此，常应用于系统结构相对简单的卫星系统。

1. RS422 接口

RS422 接口标准是在 RS232 的基础上提出的，为改善 RS232 通信距离短、速率低的问题，RS422 定义了一种平衡通信接口，将传输速率提高到 10 Mbit/s，RS422 是一种单机发送、多机接收的单向、平衡传输规范。

RS422 接口为两组双绞线，共 4 根，分别为一对接收和一对发送，同时伴随一根地线，RS422 的传输速率最大为 10 Mbit/s，但通常情况下，传输速率为 115 200bit/s。RS422 接口网络中包括一个主设备，其余为从设备，从设备之间不能通信，即 RS422 支持点对多的双向通信。RS422 接口采用单独的发送和接收通道，不必控制数据的传输方向。

2. RS485

RS485 接口是在 RS422 基础上发展而来的，最高传输速率可达 10 Mbit/s，采用的是平衡驱动器和差分接收器的组合，抗共模干扰能力增强，抗噪声干扰性较好。RS485 有两线制和四线制两种接线，四线制只能实现点对点的通信方式，很少采用，多采用的是两线制接线方式，这种接线方式为总线式拓扑结构，在同一总线上最多可以挂接 32 个节点。在 RS485 通信网络中一般采用主从通信方式，即一个主机带多个从机。

同样地，RS485 接口形式也采用主从式控制结构，只有控制节点能够访问其余节点，而其余节点只能在控制节点的控制下实现查询。分布式的系统控制能力较低，灵活性相对较差，因此，逐步被 CAN 总线等取代。

3. SPI

SPI 也是卫星中使用的一种接口形式，是一种高速的、全双工、同步的通信总线。SPI 的通信原理很简单，以主从方式工作，即一个主设备和一个或多个从设备，SPI 为四线制或三线制，四线制包括主设备数据输入（从设备输出）线、主设备数据输出（从设备输入）线、时钟线和片选线。SPI 数据的传输速率通常为几兆比特每秒。

3.6.1.2 卫星信息系统通信数据格式

卫星可以看作一个复杂的通信网络，包括各类单机、模拟量的遥测信息，各类单机的控制信息、载荷的数据信息等。通常情况下，微纳卫星信息系统是由星载计算机进行统一管理的，因此，遥测信息和遥控信息将汇集于星载计算机。统一的通信数据格式为卫星信息系统的统一管理带来便利条件。同时，卫星系统的遥测遥控信息将通过星地测控通道，实现与地面系统之间的交互，这就更要求不同卫星之间采用统一的遥测遥控数据格式，方便地面测控系统的开发。在这种需求下，产生了分包遥测和分包遥控的概念，分包遥测和遥控的方式使信息系统的管理相对简单，标准化程度高，同时，分包遥测和遥控的方式更适用于星地通信方式。随着分包遥测和分包遥控的发展，由空间数据系统咨询委员会（CCSDS）建立并开发的一整套用于空间通信和数据处理系统的各种通信协议和数据处理规范，成为各国相继开始学习并应用的主流协议标准。

（1）分包遥测

分包遥测是指将遥测信息包装成为一个自主的数据集，构成标准格式信息包，这种包可以在空地之间自由、独立地传输。针对分包遥测，我国已形成《航天器测控和数据管理　第 6 部分：分包遥测》标准，该标准规定了卫星遥测数据流的共用格式，使空间的各个数据源和地面各用户之间能够标准化和高效率地进行数据传输和分发。

分包遥测的控制中心是星载计算机。星载计算机首先接收来自各分系统的遥测数据，遥测数据可直接添加统一的包头和包尾形成源包数据，或过长或过短的遥测数据包通过合并、分段等处理后添加统一的包头和包尾形成段。源包数据再进行打包处理，形成传送帧，传送帧通过下行遥测通道传送至地面。包头的作用是表明数据块的种类、来源、特点等，包尾的作用是差错检查。

分包遥测的源包数据包格式包括两个主要部分，分别为包主导头和包数据域，源包数据的最小长度为 7 byte，最大长度为 65 542 byte。包主导头由版本号、包识别、包顺序控制和包数据长度 4 个域组成，每个域长度为固定的 6 byte。包数据域用来放置卫星上各分系统或单机所产生的数据，其位置紧接在主导头后面，包数据域包括两个部分，分别为包的副导头和源数据，也可仅为其中之一。包的副导头长度为字节的整数倍，通常包括副导头标识、时间码和辅助数据域，副导头的有无是任选的，其内容由用户编写，可以包括飞行空域、飞行姿态、飞行时间、包的格式的补充说明等；源数据即来自各分系统的数据，在无包副导头的情况下，必须有源数据，包数据域的长度在 1～65 536 byte 内可变，变化是整数字节的[33]。

传送帧数据结构可以用来传送源包数据、空闲数据以及自定义数据。传送帧由帧主导头、帧副导头、帧数据域、帧操作控制域和帧差错控制域组成。帧的最大长度为 16 384 bit。帧主导头由帧版本号、帧识别、主信道帧技术、虚拟信道帧计数和帧数据域 5 个域组成，用来识别数据单元是否为传送帧。识别发送遥测数据的航天器将多路虚拟信道组成一路主信道，对主信道和虚拟信道进行计数，提供指针和其他信息，用来传送帧数据域中提取的可变长度的源包，帧主导头的长度为 6 byte。帧副导头是一个可选域，由帧副导头识别域和帧副导头数据域组成，长度为字节的整数倍。帧数据域为源包、空闲数据或自定义数据，长度为字节的整数倍，通过虚拟信道模式，控制帧数据内容；帧操作控制域也是可选域，长度为 4 byte；帧差错控制域长度为 2 byte，可采用某种差错控制算法进行检错或纠错[33]。通常情况下，传送帧数据还要经过信道编码处理，编码可通过卷积编码、RS 编码、交错、伪随机化等方式。

为了增加单一物理信道利用的灵活性，分包遥测在物理信道的基础上，增加了虚拟信道的概念，并在相应的数据位进行虚拟信道标识。虚拟信道概念是指将一个物理信道划分成多个逻辑信道，每个逻辑信道可以被单独识别并传输一种数据流。虚拟信道的使用方法，实现了多种数据流以时分复用的方式共享一个物理空间信道，使多种不同类型的数据在一个物理信道上进行传输成为可能。

（2）分包遥控

分包遥控是指地面通过分包的形式上行信息，上行的信息根据不同的需要可以为不同的信息，最基本的是用于卫星系统控制的命令和指令，也有用于分系统参数、状态修改的命令，也有用于卫星系统软件更新的程序包。根据卫星和地面系统的统一协调，形成了上行分包遥控的标准格式协议。

分包遥控一个上行的数据包是在原始的遥控包的基础上进行打包，进而形成真正用于物理信道传送的数据包。一个遥控包组帧的基本思路为：首先，卫星控制者按照控制卫星的遥控包格式，整理好遥控包；然后，遥控包根据协议格式要求，整理为遥控段，将遥控段加入帧头，组帧为遥控传送帧；最后，遥控传送帧通过信道编码，并通过遥控物理通道上传至卫星。

一个遥控包的最大长度为 65 542 byte，标准遥控的数据格式包括主导头、副导头和遥控应用数据。其中，主导头用来放置包识别、包顺序控制及包长等；副导头为可选域，用以填充星上时间、包格式、辅助数据等；遥控应用数据是用于卫星控制或卫星应用的实际数据域，长度为字节的整数倍，遥控应用数据域由卫星自定义格式。遥控包可以单独进行组帧、信道编码后发往卫星；也可以打包形成一个遥控段，遥控段进行组帧、信道编码后，发往卫星。遥控段的主要用途是将较长或较短的遥控包进行合理组织。遥控段的标准格式包括段头和段数据域两个部分，其中，段头长度为 1 byte，段数据域最大为 1 018 byte。遥控段或遥控包需要打包为传送帧进行数据发送。传送帧的标准数据格式包括主导头、帧数据域和可选的帧差错控制码三个部分，其中，主导头为 5 byte，传输帧数据域和帧差错控制码最大共为 1 019 byte。主导头中包含了遥控帧的识别信息，其中包括版本号、通过标志、内务命令标志、空闲位、航天器识别字、虚拟信道识别字、帧长、帧序列序号信息；传输帧数据域长度为字节长度的倍数，是用户填充的实际内容；帧差错控制码的算法可以由用户自定义。为了保证遥控信息的安全性，可由用户自定义加密算法，对遥控帧进行加密处理，并在帧主导头进行标识，说明遥控帧是否进行了加密算法。在物理信道进行传输时，为了保证数据的可靠传输，降低物理信道噪声对数据的影响，同样需要对遥控帧进行信道编码，信道编码方式一般采用分组码进行控制，分组编码后的码块相互串联，再加上起始序列和尾序列的包装，构成遥控信道传输单元；在遥控物理层进行传输的信号就是由捕获序列、遥控信道传输单元和空闲序列组合而成的[34]。

地面上行的遥控信息按照分包的理念进行遥控信息的应答，遥控信息的应答需要通过分包遥控中的特殊字节来进行反馈。遥控应答的方式包括三种。

第一种是逐一应答模式，即传送帧由发送端逐一发送，当卫星接收到遥控信息后，立即返回应答信息；地面接收到应答信息后，再发送下一帧传送帧；若在规定的时间内未收到应答，则视为超时，重新发送该传送帧。

第二种是顺序连续发送模式，即地面将传送帧进行编号，按顺序发送；卫星接收到连续的传送帧，将帧编号编码到下行分包遥测中；地面通过下行的帧编号，判断当前上行的分包遥控是否传输正确，若出现错误，地面控制启动重传等机制。

第三种是相对灵活的遥控包传输和应答方式，该方式对地面和卫星信息处理能力要求较高，其主要方式为地面和卫星都可以按照非顺序的模式发送和接收传送帧及应答信息，地面和卫星端都需要具备传送帧和应答信息的存储和整理能力，地面能够针对缺失的传送帧进行补发，卫星端控制当全部传送帧均正确收齐后，执行相应的动作。

国际空间数据系统咨询委员会（CCSDS，Consultative Committee for Space Data Systems）于 1982 年成立，到目前为止，该组织共有 11 个正式会员，28 个观察员和 140 个商业合作伙伴。空间数据系统咨询委员会主要负责开发和采纳适合于空间通信和数据处理系统的各种通信协议和数据处理规范。自 1982 年起，空间数据系统咨询委员会发布并升级了一系列空间数据系统的协议规范和标准，其中包括常规空间数据系统技术建议书、空间数据系统高级在轨系统建议书等。

空间数据系统咨询委员会所定义的协议规范是一个大范畴下的空间数据系统，其战略目标是建立和扩大空间飞行任务信息系统的配套交换能力，在整个太阳系建立一个国际性可交互的空间数据通信与导航基础设施。该设施能够支持近地的、深空的以及飞向太阳系其他星体的飞行器；实现系统增强性、安全性和可靠性，减少任务成本和集成时间，提高空间信息的利用率。空间数据系统咨询委员会定义的空间通信协议体系结构自下而上包括 5 层，分别为物理层、数据链路层、网络层、运输层和应用层。因此，该系统涉及遥测、遥控、射频、调制、时码格式、遥测信道编码、轨道运行、标准格式化数据单元、无线电外测和轨道数据等内容。目前，上述卫星所采用的分包遥测和分包遥控的数据格式协议，是在空间数据系统咨询委员会提出的空间数据系统协议规范的框架下定义得到的[35]。

3.6.2　遥测信息流设计

遥测信息流的设计，是为了汇集卫星内部的全部状态信息，通过下行遥测通道，发送至地面，供地面了解卫星当前的状态。因此，遥测信息流的设计包括两个部分：一个是星内，如何高效、简便地获得卫星内部的状态信息；另一个是星外，将按照分包遥测数据格式打包好的信息，通过下行遥测物理通道下传至地面，从而进行遥测解析。

星载计算机向地面发送的遥测信息包括卫星系统的状态及健康信息、分系统及单机部组件的状态及健康信息、温度及其他模拟量信息等。卫星系统的状态及健康信息由星载计算机生成，而分系统及单机部组件的状态及健康信息、温度及其他模拟量信息，需要通过一个电气接口网络和统一的数据收发协议来获得。传统的卫星系统通过数据管理中央单元加远置单元的模式，来汇集卫星系统内全部的数据信息[36]，随着微纳卫星技术的发展，卫星系统不再像传统卫星那样复杂和庞大，因此，卫星数据管理不再通过单独设置远置单元，而是直接通过数据管理中央单元（星载计算机）来进行统一管理。为了减少卫星内部互联的电缆数量，卫星内部遥测信息采集网络尽量采用总线的形式，来获得相关信息，如采用 CAN 总线、I^2C 总线等，且总线类型尽量统一。当某些单机不能满足统一的总线类型需求时，检查星载计算机是否预留相对应的接口形式，并且，尽量选用功耗、体积等资源利用率较小的接口形式，作为遥测信息采集接口。为了能够集中星载计算机的管理权限，总线的管理以星载计算机为主，除星载计算机以外，如有特殊需要广播的信息，可以设置其相对应的广播权限，在总线中播发数据。为了保证能够可靠接收遥测信息，遥测信息的总线还可以采用冗余备份设计或多级总线管理模式。冗余备份设计模式为设计主、备的总线模式，当有一个总线出现故障时，可切换工作总线，保证信息仍能够可靠、顺利地传输；多级总线管理模式为对卫星遥测信息进行分类，将每一类信息设置单独的总线进行数据传输，以保证数据采集的可靠性。

卫星需要为各单机及部组件定义统一的遥测及状态数据发送格式，以降低卫星系统对数据处理的复杂度，数据发送格式、长度及内容可以根据卫星本身资源条件进行定义。

遥测信息按照分包遥测格式进行打包处理后，需要将下行的遥测包发送至卫星的测控应答机中，发送方式可以通过遥测通道复用的形式或独立的遥测数据包接口。下行遥测包最终由测控应答机通过遥测物理信道发送至地面，遥测物理信道可根据卫星测控分系统设计不同设计为 UV 波段测控物理信道、X 波段测控物理信道、S 波段测控物理信道等。遥测物理信道也可以根据卫星的可靠性要求，设计为不同波段物理信道冗余备份或相同波段物理信道冗余备份等。

3.6.3　遥控信息流设计

遥控信息流的设计是为了接收地面发送的指令信息或应用信息，进行相关的操作。地面站上行信息按照分包遥控的数据格式进行打包处理，由卫星进行解析后完成操作。

地面站上行的遥控信息对卫星进行的操作可以归结为三类，分别为动作执行、状态改变、程序更新。根据卫星设计难易程度的不同，也可以进行相关的其他操作。针对动作执行操作，在一般情况下，地面发送的是指令信息，即卫星接收到该指令后，需要控制星载计算机或分系统及单机完成与该指令相对应的动作。该动作可以是单一的动作，如加断电操作，也可以是一系列动作的执行，如卫星调整姿态等，系列动作的执行可能涉及星载计算机对多个分系统或单机的控制。状态的改变包括卫星或分系统及单机的工作状态改变，卫星或分系统及单机中某些参数信息的改变等。程序的更新包括星载计算机本身程序的更新或分系统单机中程序的更新。

遥控信息需要通过地面站遥控物理信道传输至卫星的测控应答机，由测控应答机进行直接处理，或通过独立的遥控接口传输至卫星的数据管理中央单元或星载计算机，统一负责进行处理。因此，遥控信息流的设计包括两个部分，首先是选择卫星上行遥控信息的物理信道，然后是设计卫星内部遥控信息的分发网络。上行遥控信息传输的物理信道根据频率的不同，可以选择 UV 波段测控物理信道、X 波段测控物理信道、S 波段测控物理信道等，为了提高物理信道信息传输的可靠性，可以采用相同波段物理信道冗余备份或异构物理信道冗余备份。

上行遥控信息首先由测控应答机接收后，发送至星载计算机，然后通过遥控信息分发网络，完成相应的操作。卫星上行的遥控信息根据完成相应操作的紧急程度，可分为直接指令和间接指令。直接指令是为了完成特定的紧急任务而设置的，通常由测控应答机接收后通过直接指令通道，直接控制完成相应的动作，一般情况下，每一条直接指令为一个单独的控制通道，接口形式为集电极开路接口形式或电平控制接口形式，直接指令控制通道应选择结构简单、可靠性强、驱动能力强的接口形式。除直接指令外的遥控信息和应用信息，都可以归结为间接指令，间接指令是通过卫星内部的遥控信息分发网络来进行传送的，为了降低卫星内部互联关系的复杂性，采用总线的形式，并尽量统一接口的类型，定义统一的控制命令数据格式。

3.6.4　载荷数据信息流设计

载荷数据信息流的设计是针对卫星的载荷数据进行的，可根据载荷的数量和种类进行设计。针对光学遥感微纳卫星，最基本的数据流形式是载荷数据直接从载荷设备发送至数传设备；然后由数传设备按照 CCSDS 定义的数据格式进行打包组帧[36]；再通过高速下行物理信道，将载荷数据发送至地面；载荷设备与数传设备之间，通过高速数据接口进行连接，通常高速数据接口可为 SpaceWire 接口或 LVDS 接口。在微纳卫星中，最常用的接口形式为 LVDS，数传设备可以根据载荷数量，设置多个高速载荷数据接口。在微纳卫星中，数传设备的下行高速物理信道大多采用 X 波段测控物理信道。立方体卫星在卫星系统资源特别受限的情况下，可以采用与遥控通道复用的形式，实现载荷数据的传输。

有时卫星需要对载荷数据进行在线处理，此时，若在线处理的执行者为星载计算机，载荷与星载计算机之间需要预留数据传输接口通道，星载计算机的处理结果可返回载荷，或直接由星载计算机进行打包发送至地面。

3.6.5　GIOVE-A 卫星信息流设计

卫星信息流的设计即综合考虑卫星系统的遥测、遥控及载荷数据信息网络，设计卫星系统的信息流，保证卫星系统内部信息交互顺畅，设备间接口连接形式简单、统一、可靠。

GIOVE-A 卫星是由英国萨瑞卫星技术公司研制完成的，它是一颗技术验证星，主要功能包括验证和测试载荷设计的关键技术，测量 MEO 轨道的环境辐射数据，为定义伽利略信号提供参考空间信号。

GIOVE-A 卫星运行轨道为 23 258 km，卫星质量为 600 kg，设计寿命为 3 年。卫星系统共包括 6 个分系统，分别为通信分系统、数管分系统、姿控分系统、推进分系统、电源分系统、载荷分系统、热控分系统。

GIOVE-A 卫星信息流设计[37]（如图 3-22 所示）采用了传统的由数据管理中央单元进行卫星数据统一管理的模式，该数据管理中央单元可简单地理解为微纳卫星系统结构中的星载计算机，它采用的是 OBC386 备份冗余设计，遥测遥控信息流采用的是冗余的 CAN 总线设计，CAN 总线的管理是由 OBC386 控制完成的。其他分系统单机均通过 CAN 总线实现互联，形成卫星内部的遥测、遥控通信网络。除了将 CAN 总线作为主要的遥测、遥控信息传输通道外，该卫星还涉及太敏、陀螺、磁力矩器等没有 CAN 总线接口的设备，该类设备分别采用不同的接口形式直接与实现姿控分系统管理的 AOCS 单元连接，由 AOCS 单元实现该类设备信息的统一管理。

卫星内部的遥测数据，由数据管理中央单元（星载计算机）打包，通过遥测信息通道发送至测控应答机，通过 S 频段物理信道发送至地面站。同样地，卫星测控应答机通过 S 频段物理信道接收地面发送的遥控信息，通过遥控信息通道发送至数据管理中央单元（星载计算机）。

GIOVE-A 的载荷数据流设计，是首先由载荷分系统内部的接口转换设备，采集载荷数据，然后由接口转换设备将信息转为 CAN 总线形式，再发往数据管理中央单元（星载计算机）中。

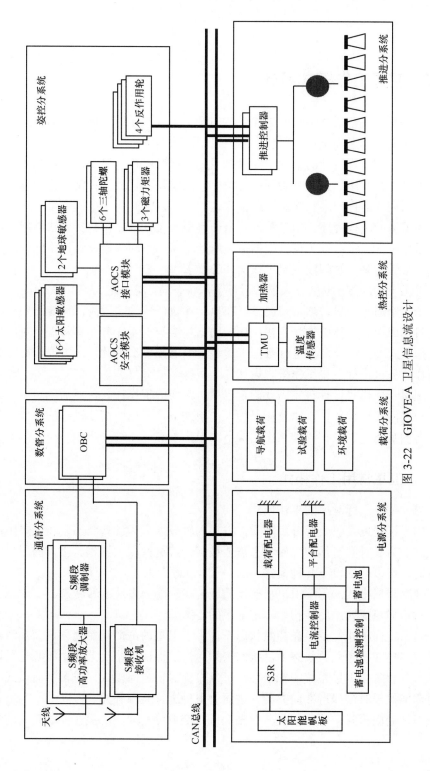

图 3-22 GIOVE-A 卫星信息流设计

3.7 卫星工作模式设计

卫星系统需要根据不同的工作任务切换工作状态，即卫星系统需要设计不同的工作模式，来满足在不同状态下卫星工作的要求。

卫星工作模式设计的依据主要来自卫星飞行时序和卫星工作任务两方面。

卫星飞行时序：卫星从装箭准备发射，到发射入轨进入正常工作状态，经历了一系列的运行程序和状态，通常称这一系列以时间为基准的卫星工作状态变化为卫星的飞行时序。卫星系统的一个典型的飞行时序常包括入轨消旋、三轴对日稳定、三轴对地工作。根据卫星所处时间的不同，需要设计不同的工作模式，来满足某一时间段卫星工作的任务要求。

卫星工作任务：卫星进入正常运行工作状态后，需要完成指定的工作任务，如一个光学遥感卫星，通常情况下，在执行在轨任务的阶段内，可能需要完成多点目标成像、立体成像、宽幅拼接、动态扫描等工作任务，除常规针对成像的工作模式外，可能需要进行数据下传、遥测遥控等，因此，还需要根据完成的工作任务来进行卫星工作模式设计。

卫星工作模式设计首先需要确定卫星所需要的工作模式，然后确定卫星各工作模式间的跳转条件，以及在每种工作模式下，卫星所需要进行的动作、各个设备的状态、卫星在该种工作模式下的卫星姿态。

3.7.1 卫星常用工作模式

（1）基于飞行时序的工作模式

由于运载以及包带等分离因素，卫星入轨分离后为旋转状态，将卫星由旋转状态变为长时间对地的工作状态需要按照时间进行相关操作。常规的卫星的飞行时序可以包括以下几种模式。

速率阻尼模式：用于卫星从初始的旋转状态降为慢速旋转状态。

对日捕获模式：用于初始确定卫星的姿态。

对日定向模式：卫星在初始状态下，由于卫星内部的功率消耗，使能源消耗，或卫星在初始入轨状态下，状态未知，为了保证卫星后期在轨能源充足以及卫星入轨阶段卫星系统的安全性，可以设置对日定向模式。对日定向模式为将太阳能帆板时刻保持冲向太阳，进而对卫星进行能源补充。

对地定向模式：即，使载荷时刻保持对准地球方向。卫星在能源充足的情况下，需要将载荷对地，进而通过载荷完成卫星应用的工作任务。卫星在分离后到完成对地定向能够进行卫星在轨的工作任务，这个过程有时被看作卫星入轨段的工作模式，是为了实现对地工作任务而进行的一系列动作。有的卫星采用了能够保证卫星具有较好的分离姿态的分离机构，因此，卫星在入轨段完成对地定向的时间相对较短，能源消耗较小。在这种情况下，可以不采用对日定向的模式，而是在速率阻尼完成后，直接进行对地定向。而有时卫星系统功率消耗较大，轨道不能满足卫星长期对地的需求，在这种情况下，卫星会选择长期进行对日定向，在特定的卫星需要完成对地工作任务时，再进入对地定向的模式。

（2）基于工作任务的工作模式

卫星在长期运行的过程中，需要完成特定的工作任务，如载荷工作、对地测控、对地数传等。针对不同的载荷，卫星还需要完成针对卫星应用的特定的工作任务，因此，卫星需要完成的每一种特定的工作任务，都需要设计成为卫星的一种工作模式，常用的基于工作任务的工作模式有以下两种。

对地测控工作模式：卫星在进入测控站后，需要完成与地面通信，向地面发送卫星的状态遥测，使地面了解卫星状态，同时，接受地面的控制指令。

对地数传工作模式：卫星在完成卫星应用任务后，卫星会存储载荷所收集到的数据，如光学遥感载荷，卫星在按照要求拍摄完图像后，图像会存储在卫星的存储设备中，因此，卫星在经过测控站时，需要将拍摄得到的图像，通过高速数据下行通道，传至地面。

除了基于工作任务的工作模式外，还有基于卫星应用任务所涉及的工作模式，如光学遥感载荷常用的基于应用任务的工作模式包括以下几种。

单幅成像模式：按照卫星程控指令要求或卫星时序设计要求，在指定位置进行单幅图像的成像。

连续成像模式：按照卫星程控指令要求或卫星时序设计要求，从指定区域开始进行连续拍照成像。

凝视成像模式：按照卫星程控指令要求或卫星时序设计要求，当经过该目标时，通过卫星姿态控制，连续对某一目标进行成像。

推扫成像模式：通常为线阵探测器的成像模式，按照卫星程控指令要求或卫星时序设计要求，从某一区域开始，随卫星在轨道上运动，推动探测器在轨道上扫描成像。

随着卫星姿态控制技术水平的提升，卫星通过姿态控制能够完成更多的成像模式，进而实现更自由和灵活的成像。将能够灵活控制卫星姿态机动方式完成卫星任务的卫星，称为敏捷卫星。用于光学遥感应用的敏捷卫星基于工作任务[38]的工作模式有以下几种。

同轨多点目标成像模式：利用敏捷卫星的快速姿态指向能力，实现对分散的目标快速成像。这种成像模式主要适用于同轨内距离沿轨迹方向较近的多个成像点的观测任务，利用卫星滚动方向的快速姿态机动能力。

同轨立体成像工作模式：对同一地区实现不同角度的观测以形成立体像对，从而得出该地区的三维成像信息。此种工作模式主要利用卫星俯仰轴的姿态机动来实现同轨两次或两次以上对同一地物不同角度的观测。

同轨多条带拼接成像工作模式：利用快速姿态机动能力，使卫星实现同一轨道多次同向推扫拼接成像，以增大幅宽。该模式要求卫星完成一个条带推扫后，在卫星继续飞行过程中立即进行俯仰方向的反向机动，同时通过一定角度的侧摆将卫星指向平移约一个幅宽的距离，使后一次推扫的起始条带与前一次推扫的起始条带相邻。

动态扫描成像模式：对非沿轨迹方向的狭长地物目标（如海岸线）具有很好的时效性。当被观测的热点目标不在卫星沿轨迹方向，需要卫星首先绕 Z 轴旋转一定角度，再利用主动姿态扫描模式进行成像，即可获得非沿轨迹方向的卫星图像。动态扫描成像模式在姿态机动过程中，星体快速达到某一角速度，然后按一定角速度运动，在卫星姿态机动的过程中对地面物体成像。

卫星除了基于飞行时序及工作任务的工作模式外，为了维护卫星的安全，通常情况下还会设计一个卫星的工作模式为安全模式。卫星通常是在系统出现某些故障、系统能源严重消耗的情况下，进入安全模式。在安全模式下，卫星不再进行对地的工作任务，而是通过姿态调整对日定向，实现卫星的快速充电，并关闭一些高功率设备，保证卫星能源的最小消耗。

3.7.2　工作模式设计

确定了卫星所需要的工作模式后，进行具体的卫星工作模式设计，主要包括两方面：第一，设计在每一种工作模式下，卫星具体的工作状态及卫星的姿态；第二，确定工作模式进行跳转的条件。

（1）卫星工作模式设计

必须非常明确在每一种工作模式下，卫星各设备的状态、卫星要完成的动作以及当前状态下的卫星姿态。

（2）卫星跳转条件设计

明确判断条件，进行卫星工作模式的跳转。

以一个常规光学遥感微纳卫星为例，介绍卫星对应的工作模式设计及跳转条件设计方法，该系统仅包括基本和常规的卫星工作模式。在卫星系统设计时，可根据卫星系统所在的轨道条件、发射条件、任务需求等，进行更丰富和详细的卫星工作模式设计。

首先，假设该常规光学遥感微纳卫星需要进行的飞行程序包括：速率阻尼、对日捕获、对日定向、对地定向。该常规光学遥感卫星在轨需要进行的工作任务包括：在测控站内，需要进行测控及数传任务；根据程控指令要求，在指定位置进行定点拍照；根据程控指令要求，在指定区域进行连续拍照。卫星系统的工作模式及跳转条件设计如图 3-23 所示。

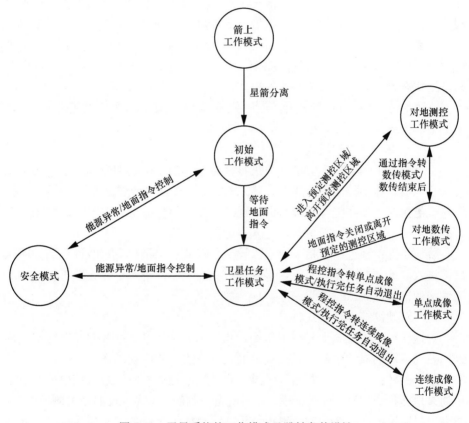

图 3-23　卫星系统的工作模式及跳转条件设计

根据卫星任务要求，卫星的工作模式包括箭上工作模式、初始工作模式、卫星任务工作模式、对地测控工作模式、对地数传工作模式、单点成像工作模式以及连续成像工作模式。

卫星在每一种工作模式下的相关状态以及跳转模式设计如下。

（1）箭上工作模式

箭上工作模式为卫星在星箭分离前的工作状态，通常情况下，作为搭载的微纳卫星为断电状态，即无设备加电，卫星太阳能帆板为锁紧状态。卫星行程开关始终检测卫星当前的分离状态。

跳转条件：卫星与运载入轨后，自动进入该模式；当卫星的分离开关检测到卫星分离，自主进入下一种卫星工作状态。

（2）初始工作模式

初始工作模式为卫星分离后到卫星进入对日定向状态，卫星首先需要完成设备加电，然后自主完成卫星的速率阻尼；当判断卫星角速度小于预先设置的阈值后，自主完成对日捕获及帆板展开；通过太敏确定太阳位置，并根据位置进行卫星姿态调整，自主完成对日定向；在预先判断卫星测控角度能够满足测控通信要求的前提下，开启卫星测控发射机，下传卫星遥测数据，等待地面判断卫星状态无误后，转入下一工作模式。

跳转条件：卫星通过形成开关判断分离后，自动进入该工作模式；地面确认卫星工作状态正常、帆板展开正常后，通过地面指令控制，进入下一工作模式。

（3）卫星任务工作模式

卫星任务工作模式为卫星在轨进行任务工作的一个长期模式，卫星进入该模式状态后，需要控制卫星姿态，转入对地定向；可根据能源情况，进行测控发射机的控制，如在能源较紧张的情况下，在卫星任务工作模式时，关闭卫星测控发射机，并根据判断条件，进入对应的工作模式。

跳转条件：通过地面指令，进入该工作模式；卫星自主判断进入测控区域后，进入对地测控工作模式；卫星受程控指令控制，进入单点成像工作模式或连续成像工作模式。

（4）对地测控工作模式

对地测控工作模式主要在卫星经过预设的测控站时，打开测控发射机，向地面发送卫星的遥测信息，并接收地面指令，进行相应的动作。

跳转条件：卫星自主判断，经过预设的地面测控站时，进入该模式，或卫星通过地面指令控制，进入该模式；卫星自主判断，飞离预设的地面测控站时，或者卫星通过地面指令控制，退出该模式，进入卫星任务工作模式。

（5）对地数传工作模式

对地数传工作模式是地面判断需要进行数据下传任务时，卫星开启数传工作设备，向地面通过高速数据通道发送载荷等数据。

跳转条件：卫星通过地面指令控制，进入数传模式；卫星在数传任务结束后且没有飞离地面测控区域时，自动转入对地测控模式；若卫星自主判断飞离对地测控区域时，卫星停止数传，自主转入卫星任务工作模式。

（6）单点成像工作模式

单点成像工作模式是按照成像要求，设置相机状态，进行一次成像。

跳转条件：由程控指令中的位置信息或时间信息触发，进入单点成像模式；成像动作结束后，自主转入卫星任务工作模式。

（7）连续成像工作模式

连续成像工作模式是按照成像要求，设置相机状态，以一定的帧频，在某一区域范围内或在连续的一段时间内，进行连续成像。

跳转条件：由程控指令中的位置信息或时间信息触发，进入连续成像模式；成像动作结束后，自主转入卫星任务工作模式。

3.8　卫星资源预算

卫星资源预算是卫星总体设计的一个重要环节，主要包括两个目的。一是估算卫星系统在目前工作任务和大系统结构下的资源占用情况或可用资源情况。二是可以通过计算来验证卫星系统设计的关键环节的余量、裕度是否满足系统要求，同时，指导并完善现有的系统设计情况。需要进行相关验证的环节包括：①质量是否满足运载系统的要求；②卫星是否能够满足单圈能源平衡要求；③卫星各通信链路是否都留有余量，满足可靠通信的要求；④卫星存储容量满足载荷数据存储要求，下传时间满足卫星任务需求。其中，卫星的能源平衡及链路预算是卫星资源预算中的重点。

3.8.1　质量预算

质量预算即统计卫星在设计阶段选配或预留的单机及部件的质量之和，确认卫星是否能够满足运载给出的质量要求。

统计方法可以按照层级递进的方法，第一个层次统计与卫星系统相关的质量，包括卫星结构、卫星热控材料，与此同时，统计卫星电缆的质量和卫星分离机构的质量；第二个层次按照分系统的单机部件来统计，如综合电子分系统包括星载计算机、姿控分系统（包括星敏、太敏、陀螺等姿态测量设备）、姿态控制设备（包括磁力矩器、飞轮等）。最后，将统计结果进行加和，预估卫星的质量。

3.8.2 能源平衡计算

卫星在轨道飞行的过程中，会交替经过光照及阴影区域。在光照区域内，卫星通过太阳能帆板对卫星的蓄电池充电，并维持在光照区域内卫星正常工作的能源消耗；卫星工作在阴影区域内时，通过蓄电池维持卫星的正常工作。因此，在一般情况下，希望卫星能在轨道平面内飞行一圈或多圈，能够将卫星在阴影区域内消耗的能源充满。

卫星的能源平衡需要统计卫星在各种工作模式下卫星的功率需求；卫星系统单圈工作所需要的能源需求；卫星在阴影区域内最大的能源消耗，进而得到蓄电池的最大放电深度；卫星在光照区域内，在最差的光照条件下，补充蓄电池能量的时间。当卫星的蓄电池补充时间小于光照时间，且蓄电池的最大放电深度满足余量要求的情况下，可以认定卫星能够满足能源平衡，或者说，卫星在光照期间内，能够补充到的能源大于卫星本身所消耗的能源。

（1）卫星能源需求

根据卫星的不同工作模式，卫星的功率需求是不一样的，因此，需要针对每一种工作状态，统计各单机的功率需求。可以根据最大的能源消耗来计算能源平衡，也可按照卫星在轨的单圈内的平均最大能源消耗，来计算能源平衡。卫星能源需求单位为安培，卫星在某段时间内的能源需求单位为安时。

（2）蓄电池最大能耗

根据卫星在阴影期间内的平均能源需求，来计算蓄电池最大能耗，并计算蓄电池的放电深度，即蓄电池的最大能耗除以蓄电池的总容量，计算得到的蓄电池的放电深度原则上应为 10%～15%。

（3）帆板补充能耗

按照太阳能帆板最差的光照角度，或太阳能帆板平均的光照角度，或太阳能帆板仿真得到的实时的光照角度，来计算太阳能帆板能够实时输出的能源的量，单位为安培。通过太阳能帆板的输出能耗以及光照时间，得到太阳能帆板光照期间内能够产生的能量，减去卫星在光照期间内卫星系统所消耗的功率，剩余的能量即为太阳能帆板能够在光照期间内,对蓄电池进行能量补充的电量。若计算得到的帆板补充能量大于蓄电池最大消耗能量，卫星能够实现在同一圈卫星轨道内的能源平衡。

3.8.3 通信链路预算

通常情况下，卫星的通信链路包括遥测遥控的通信链路以及数传的通信链路。有时卫星在进行测控异构备份的情况下，还会采用不同的遥测遥控频率通道，因此，需要通过通信链路计算的方法，评价通信系统当前所采用的系统指标是否能够满足可靠通信的要求。

卫星通信链路是指在发射机和接收机之间的，由卫星端到地面站的信号通信链路。其中，从地面站发射端到卫星上的接收机方向传输的链路被称为上行通信链路，从卫星发射机到接收站接收机方向传输的链路被称为下行通信链路。

（1）上行通信链路预算

上行通信链路预算的主要目的为通过现有的地面站的主要参数指标以及当前卫星系统测控收发机的设计指标，计算卫星系统上行通信链路的系统余量。一般情况下，卫星上行通信链路的系统余量为 3～5 dB。

上行通信链路的系统余量为卫星天线接收到的信号功率与卫星接收机本身能够正确解调信号所需的功率门限的差值，可以通过式（3-1）计算得到。

$$[M] = [P_{re}] - [P_D] \qquad (3-1)$$

其中，"[]" 均表示将参数转化为分贝（dB）形式；M 表示系统余量；P_{re} 表示卫星天线接收到的信号功率；P_D 表示卫星正确解调信号的功率门限，该值为卫星系统测控收发机进行设计的重要参数指标之一。

卫星天线接收到的信号功率是由无线电在自由空间内进行传输的传输方程计算得出，这里给出经计算简化后的形式，可表示为

$$[P_{re}] = [EIRP] - [L] + [G_{re}] \qquad (3-2)$$

其中，EIRP 为有效全向辐射功率，表示定向天线在天线最大辐射方向，能够辐射出来的功率；L 表示信号在传输过程中会产生的各种损耗，G_{re} 表示接收天线增益。

通常情况下，发射系统的 EIRP 可通过式（3-3）计算得到。

$$[EIRP] = [P_t] + [G_t] - [L_F] \qquad (3-3)$$

其中，P_t 为发射机功率，G_t 为发射系统天线增益，L_F 为发射机到天线的馈线损耗。

上行通信链路衰减主要包括[39]以下几种。

自由空间衰减 L_s：与传输距离、传输信号频率有关的参数，与传输距离以及信号频率成反比，计算公式转化为分贝形式为

$$[L_s] = 32.45 + 20\log d + 20\log f \qquad (3-4)$$

其中，d 表示信号传输的距离，单位为千米，f 表示信号的频率，单位为兆赫兹。

上行大气损耗 L_a：根据经验可设置为 0.1～0.2 dB。

天线指向误差L_p：根据经验可设置为 0.3～0.5 dB。

雨衰L_r：与上行频率和降雨强度有关。

信号在传输过程中，所产生的损耗L为以上损耗的加和，如式（3-5）所示。

$$[L]=[L_s]+[L_a]+[L_p]+[L_r] \tag{3-5}$$

（2）下行通信链路预算

下行通信链路预算与上行通信链路预算计算方法类似，方向相反，同样通过现有地面站的主要参数指标，以及当前卫星系统测控收发机的设计指标，来计算信号由卫星到地面站系统的下行通信链路的系统余量。一般情况下，卫星下行通信链路的系统余量仍为 3～5 dB[40]。

下行通信链路的系统余量可以通过信噪谱密度比（载波功率与等效噪声功率谱密度比）计算得到[41]，可表示为系统接收到信号的信噪谱密度比与地面接收系统信噪谱密度比门限的差值，计算如式（3-6）所示。

$$[M]=[C/n_0]_{\text{re}}-[C/n_0]_D \tag{3-6}$$

其中，M表示下行通信链路系统余量，$[C/n_0]_{\text{re}}$表示地面系统接收到信号的信噪谱密度比，$[C/n_0]_D$表示地面接收系统信噪谱密度比的门限值，信噪谱密度比与载噪比的关系为

$$[C/n]=[C/n_0]-B_n \tag{3-7}$$

其中，B_n为接收带宽，$n=n_0 \cdot B_n$是在接收带宽内总的噪声功率。

地面系统接收到信号的信噪谱密度比$[C/n_0]_{\text{re}}$，可以通过式（3-8）计算得到。

$$[C/n_0]_{\text{re}}=[\text{EIRP}]-[L]-[k]+[G/T] \tag{3-8}$$

其中，EIRP 表示卫星系统的有效全向辐射功率，L表示信号在传输过程中会产生的各种损耗，其计算方法与上行链路系统中链路损耗的计算方法相同。k 表示波尔兹曼常数，k=－228.6 dBW / (Hz·K)，G/T表示地面站的接收品质因素。

卫星系统的有效全向辐射功率 EIRP，可通过式（3-9）计算得到。

$$[\text{EIRP}]=[P_t]+[G_t]-[L_F] \tag{3-9}$$

其中，P_t表示卫星发射机的输出功率，G_t表示卫星发射天线的增益，L_F表示卫星发射机到天线的馈线损耗。

地面接收系统信噪谱密度比的门限值$[C/n_0]_D$可通过式（3-10）计算得到。

$$[C/n_0]_D=[E_b/n_0]+10\lg(R_b)+[L_H] \tag{3-10}$$

其中，E_b/n_0表示接收系统中，每个比特时间内，信号能量与噪声功率谱密度

的比值，该参数是除信噪比外，信号与噪声关系的表达方式，其与接收系统的误码率、调制方式等有关。R_b 表示接收数据传输的比特率，L_H 表示接收系统设备的损耗。

　　通过上、下行通信链路预算，能够评估出通过现有的卫星系统设计参数与现有的地面站系统，是否能够实现可靠通信。当发现通信系统余量不足时，应及时修改卫星系统的设计参数或更换现有地面站系统。卫星系统在进行通信链路预算时，系统的余量通常为 3～5 dB。过大的系统余量虽能增加系统通信的可靠性，但同时会增加系统成本，因此，应该合理选择系统余量来指导卫星系统设计。卫星的通信链路计算也可以通过成熟的应用程序进行计算，或通过已编辑好的 excel 文件等直接进行数据填写，自动生成通信系统的链路余量。通常情况下，在进行卫星系统通信链路计算时，可以按照表 3-1、表 3-2 的形式，进行相关参数与技术指标的统计，进而计算得到卫星通信系统的通信链路预算，表 3-1 和表 3-2 中的"—"部分，是由设计人员计算并补充的系统参数。

3.8.4　数据存储容量及下传能力预算

　　数据存储容量的预算，主要是计算卫星载荷所产生的数据量大小，用于指导卫星数据存储容量的设计，并能够得到当前数据存储容量设计指标与真实数据存储需求之间的余量值。

　　以光学遥感载荷为例，假设卫星仅携带一个光学遥感载荷，该光学遥感载荷是以面阵 CMOS 探测器为感光元件的光学相机，其探测器的像元个数为 $M \cdot N$，探测器的量化位数为 d，相机帧频为 f，相机每轨成像时间为 t 秒，计算光学载荷所产生的数据量大小 D 为

$$D = M \cdot N \cdot d \cdot f \cdot t \tag{3-11}$$

　　设卫星所携带的数据存储量为 T，则能够存储数据的圈次 S 为

$$S = \frac{T}{D} \tag{3-12}$$

　　因此，卫星可以通过轨道仿真，确认卫星目前存储数据的圈次是否能够满足卫星数据下次下传的时间需求。

　　卫星的载荷任务有时需要在规定的时间内完成数据下传，或需要在卫星存储容量达到极限前下传卫星的全部数据。合理选择和设置卫星地面站的分布和下传数据的速率，能够保证卫星数据按照预定要求下传。

表 3-1 卫星系统上行通信链路计算

参数	发射站功率	天线口径/m	发射天线效率	发射天线增益	地面站馈线损耗	信号频率	地面站EIRP	地球半径/km	轨道高度	最低仰角	最大传输距离	自由空间衰减损耗	上行大气损耗	天线指向误差损耗	雨衰	总损耗	卫星天线增益	卫星接收到的信号功率	卫星接收机的信号功率门限	余量
地面站1	—	5	—	—	—	—	—	6 378	—	—	—	—	—	—	—	—	—	—	—	—
地面站2	—	10	—	—	—	—	—	6 378	—	—	—	—	—	—	—	—	—	—	—	—
地面站3	—	12	—	—	—	—	—	6 378	—	—	—	—	—	—	—	—	—	—	—	—

表 3-2 卫星系统下行通信链路计算

参数	卫星输出功率	卫星天线增益/m	卫星馈线损耗	卫星系统EIRP	信号频率	地球半径/km	轨道高度	最低仰角	最大传输距离	自由空间衰减损耗	下行大气损耗	天线指向误差损耗	雨衰	总损耗	玻尔兹曼常数	地面站的接收品质因素	接收到的信噪谱密度比	接收系统$[E_b/n_0]$	接收数据的传输比特率	接收系统的设备损耗	接收系统的信噪谱密度比门限	余量
地面站1	—	5	—	—	—	6 378	—	—	—	—	—	—	—	—	—	—	—	—	—	—	—	—
地面站2	—	10	—	—	—	6 378	—	—	—	—	—	—	—	—	—	—	—	—	—	—	—	—
地面站3	—	12	—	—	—	6 378	—	—	—	—	—	—	—	—	—	—	—	—	—	—	—	—

设卫星所设计的数传下传的有效数据速率为 r，卫星在单圈次内能够进行有效数据传输的时间为 T_{s1}，卫星在该圈次内所产生的数据量大小为 D。要求卫星在相同圈次内完成卫星载荷产生的全部数据下传，则下传数据的有效速率为

$$r > D / T_{s1} \tag{3-13}$$

载荷的数据不仅包括图像数据，而且包括载荷在成像过程中所产生的一些相关的辅助数据，或卫星系统可能由多个载荷系统所组成，因此，对卫星系统数据存储容量及下传能力的计算可根据卫星系统设计不同，按照实际情况进行计算。

3.9　本章小结

卫星总体设计是卫星系统研制过程中的一个关键环节，直接决定了制造后卫星系统的性能以及是否能够完成卫星系统所要求的任务。本章给出了针对智能光学遥感类卫星系统总体设计方法的详细介绍，主要包括对卫星系统特点的规划以及卫星系统总体框架设计、卫星系统技术指标的设计、基于现货式的卫星系统产品配套体系及选择的方法、卫星系统构型及布局的基本设计方法、卫星系统信息流的设计方法、卫星系统工作模式的设计方法及卫星系统对相关资源进行资源预算的方法。

本章的前 4 小节，可用于指导卫星系统设计、卫星系统基本架构、卫星系统技术指标以及卫星系统初步的单机配套情况；后面的小节分别对卫星系统的结构、布局、信息流、工作模式进行逐一设计。在卫星系统设计的过程中，需要统计相关方面的卫星资源，并进行资源预算，通过资源预算，不断完善、迭代卫星系统技术指标及系统设计；最终，使卫星系统能够满足卫星系统任务以及大系统接口中的各项要求，同时，具有"快、好、省"等特点。

本章在设计方法介绍的过程中，更注重面向微纳卫星系统设计的实用性和可操作性，省去了烦琐的理论推导，给出了可直接用于工程生产计算的结果和公式。

第4章

低成本高集成度综合
电子系统设计方法

卫星综合电子系统是卫星任务管理和任务调度的核心。在航天器发展的早期，星务计算机、姿轨控计算机、电源控制器、UV 通信机、GNSS 导航接收机、测控设备、数据管理传输单元等设备共同完成星上电源管理、星务管理、姿态控制、遥测处理、星时管理、热敏采集、温控输出、GNSS 定位、OC 指令输出、测距测速、遥测数据发送、遥控指令接收、载荷指令发送及数据接收等星上核心功能。随着星载综合电子的发展，为满足高功能密度、低功耗、轻小型化等微纳卫星的要求，星上综合电子将上述电源控制、星务（姿控）计算机、遥测（遥控）数传设备、GNSS 接收机等信息交互密切的设备集中在板卡堆栈中，形成统一的电子工程环境和标准化信息交互接口[42-50]。

本章结合光学遥感微纳卫星的研制工程应用经验，重点介绍高集成度遥感卫星综合电子系统的设计与分析。

4.1 光学遥感微纳卫星对综合电子的需求分析

光学遥感微纳卫星主要用于对地面目标进行探测，除了具备常规遥测、遥控功能之外，还需要具有对地指向精度高、机动速度快等特殊要求，因此对光学遥感卫星的需求主要有以下几点。

（1）星上自主健康管理及在轨编程

根据轨道的不同，卫星每圈次的测控可见时间在 6 min 到 15 min 不等，因此大部分时间，卫星需要对自身健康状态、能源状态进行自主检查和管理。如果发生非正常流程事件，能够根据预先设定的策略进行自我调整，保证卫星安全；同时根据地面任务不同，需要星上具备在轨上注、重构等能力。

（2）星上自主成像任务管理

光学遥感微纳卫星的主要特点就是对地成像。成像目标成百上千地增加，星上收到成像任务后需要能够自主发起相机、导航、数据存储及管理等参数配置请求，在到达预定地面目标前协调星上姿态快速机动对准目标，启动相机成像配置并自主根据图像情况闭环调节相机参数，同时能够协调海量图像数据的缓存、存储时的图像下传，因此综合电子作为整星的大脑必须具备高度智能化。

（3）高精度的时钟系统

目前，微纳光学卫星的对地分辨率越来越高，高分辨率图像是星上高精度时钟系统的体现，时钟系统除了为整星所有分系统提供统一时间之外，还将应用于积分时间计算等成像关键技术环节。高分辨率微纳卫星的成像积分时间精度已经达到 9.6 μs，远高于普通星上 60～100 μs 的时间精度。

（4）提高星上智能化管理技术

在设计智能卫星系统时，需要考虑卫星自主规划任务并完成任务的执行，在接收地面执行任务的紧急指令后，能够快速响应中断指令，迅速建立紧急任务执行路径，启动评估紧急任务的能源、时序、姿态控制、数据存储等风险项目，达到分钟级响应速度。

（5）自主健康管理及高速软件更新链路

综合电子各模块能够完成自检及互检健康状态，自主维护测控站外健康监测，对于整星能源安全、姿态安全、测控安全、载荷安全等重大安全事件，能够调整不同策略识别并执行，并将重大星上事件日志下传地面进行分析。中、大规模应用软件能够在轨升级，支持计算机、载荷等重要部组件整体软件上注更新，支持在轨软件动态重构，支持图像处理算法、模型数据、运控策略等软件升级，减轻地面运控处理的维护负担，提升卫星在轨可维护能力和持续升级效能。

（6）总线信息及能源传输可靠

卫星具备可靠、高速率的总线系统，如采用多级总线管理模式，对于同类总线要采用同构或异构备份手段，提高信息系统数据传输的可靠性，卫星能源流同样需要高可靠，可通过双点双线等手段，提高能源流系统的可靠性。

低成本、高集成度的综合电子系统，就是在充分满足综合电子需求的基础上进行的方案设计。

4.2 低成本高集成度综合电子架构设计

我国早期光学遥感微纳卫星综合电子，是由传统式的光学遥感大卫星系统逐渐演变而来的。综合电子主要由数管计算机、遥控单元和多个远置单元组成。数管计算机负责对星上所有遥测、遥控单元采集到的信息进行打包处理，并发给测控分系统；遥控单元负责直接遥控指令的执行；远置单元负责将各分系统遥测信息进行采集及执行间接指令。

早期卫星上的电子系统架构决定了整星功能密度不高、信息处理层级过多，因此，卫星系统逐步发展形成了以中心计算机为核心、下位机辅助管理的卫星电子系统架构，并逐步引入了小型化及 COTS 商业器件，进一步提高了系统的集成度。如图 4-1 所示，在以中心计算机为核心、下位机辅助管理的卫星电子系统架构中，系统包括星务计算机、姿控计算机、电源分系统、热控分系统、测控分系统、星敏、太敏、飞轮、陀螺、GNSS、磁强计、磁力矩器以及光学相机载荷等，每个分系统中，都具有自己的 CPU 作为下位机，各部分之间通过通信总线连接，最终，信息由星务计算机负责汇总打包，并进行综合管理。

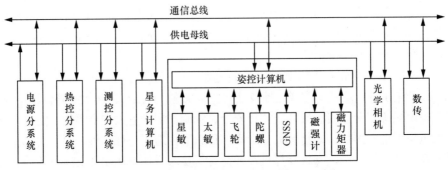

图 4-1　以中心计算机为核心的卫星电子系统

近年来，为了达到更高的集成度和可靠性，进一步整合卫星电子系统功能，通过新型 MEMS 技术及 COST 技术，形成以星载计算机为核心的新一代综合电子系统架构，实现电子系统功能的高度整合，来支持高性能的微纳卫星系统需求。

采用综合电子系统架构的卫星系统，可将卫星电子系统重新划分为卫星综合电子、姿控部组件以及光学载荷三大类。在综合电子系统中，将星务计算机、姿控计算机与下位机进行合并，形成一个星载计算机，同时将电源管理、热控管理、卫星测控乃至数传功能，集成于综合电子，进而形成集星载计算机模块、卫星能源及供配电模块、测控模块、数传模块、GPS 模块功能的综合电子系统架构。这种综合电子系统架构由于信息及功能的高度集成，要求信息系统管理的核心单元、综合电子的星载计算机模块具有更高的处理频率和更高的可靠性。

综合电子的形式可以根据卫星系统的不同约束，进行适应性设计。例如，整星质量在 10～100 kg 以内的微纳卫星，综合电子的形式设计，可以采用插槽式的 3 U 或 6 U 板卡设计，每一个功能模块采用一块或多块板卡，板卡间直接通过背板进行信息交互及供电，如图 4-2 所示。在微纳卫星系统中，因空间资源相对宽松，重要的功能模块必须采用主、备份设计，来提高系统的可靠性。

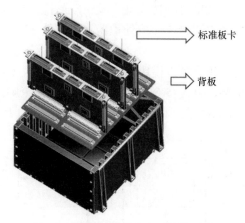

图 4-2　微纳卫星综合电子设计形式

质量小于 10 kg 的立方体卫星，为了适应较小的星体结构，可采用符合国际立方体卫星标准的 1 U 板卡形式进行设计，板间通过 PC104 式堆栈体螺装板卡结构形式相连，如图 4-3 所示。在设计立方体卫星综合电子系统架构的时候，功能模块的组成可选择与微纳卫星综合电子的功能模块的组成相同，但模块受体积限制可采用单份设计，对于卫星系统特别重要的星载计算机，可采用主、备份设计。

图 4-3　立方体卫星综合电子设计形式

4.3　星载计算机设计

星载计算机是光学微纳卫星综合电子的"大脑"，管理"星务"和"姿控"两部分主要业务，主要包括星务管理和任务规划，接收和解析遥控指令，接收各姿态与轨道敏感器信息，完成卫星在轨姿态与轨道控制计算、时间管理功能，实现自主故障诊断、故障处理及在轨维护等[51-75]。

星载计算机从提升整星可靠性设计出发，一般由主星载计算机和备星载计算机共同构成，双机采用同构或异构处理器互为备份，当班机工作时，备份机断电冷备。

根据功能要求，星载计算机模块一般包括电源变换、CPU 最小系统、辅助电路、模拟量采集电路、直接指令电路、CAN 接口与 RS422 接口电路、星箭分离、帆板展开、天线展开等。星载计算机功能框图设计如图 4-4 所示。

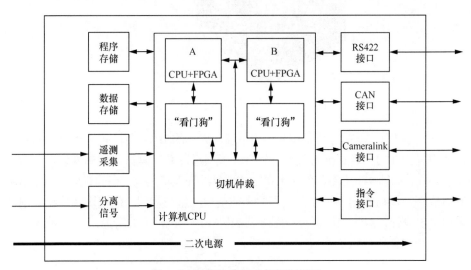

图 4-4　星载计算机功能框图设计

星载计算机主要由 CPU+FPGA 的架构形式作为核心处理器，部分处理器芯片 SOC 具有内部存储器、外设总线控制器等硬件资源，外部通过扩展 SRAM、MRAM、FLASH 等启动程序、应用程序运行存储器，构成了星载计算机的最小工作系统。外部存储器的选择包括数据总线、控制信号、空间抗辐照等限制因素，数据总线需要匹配处理器的总线位数，控制信号设计时需考虑时分复用以最大化节省处理器的 IO 资源。当前微纳卫星大量采用工业级元器件，低等级存储器需考虑单粒子翻转、单粒子闩锁、在轨寿命末期的总剂量等空间辐照对计算机运行带来的风险，部分重要数据需要实时存储在单粒子免疫的 MRAM 中，启动程序、应用程序的存储需考虑多份存储备份以提高可靠性。

星上模拟量遥测众多，星载计算机可采用模/数转换器+多级模拟开关的方式实现对能源安全、二次配电、热控通断、温度量、星箭分离、天线/帆板展开等星上重要信号实时采集。

星务计算机处理器外围的 RS422 接口电路、CAN 总线接口电路及与相机传图的 Cameralink 接口电路均采用主备机结合的方式与各敏感器件、执行部件、相机载荷相连，设计中需考虑数据传输速率、冗余措施等因素。

4.3.1　CPU+FPGA 架构设计

光学微纳卫星计算机多数采用 CPU+FPGA 的架构，具有以下几个优势：

① 能够运行操作系统，实时性高、处理速度快；

② 可扩展性好，具有丰富的外围硬件接口；

③ 性能稳定，可靠性高。

CPU 处理器可选择的范围比较多，如 TI 公司的 TMS 系列、ACTEL 公司的 SmartFusion 系列，以及国内航天集团 BM3803 系列、欧比特公司 S698PM 等处理器。

（1）TMS570 系统架构

TMS570 是高性能汽车应用级微控制器，主要应用于对可靠性、安全性要求极高的安全系统。TMS570 安全架构包括以锁步模式运行的双核 CPU、CPU 和存储器内置自检（BIST）逻辑、在 Flash 和 SRAM 上均采用 ECC 校验、在外设存储器上采用奇偶校验功能以及外设 IO 上的环回功能。TMS570 集成 Cortex-R4F 浮点 CPU 内核，最高处理能力为 288 DMIPS@180 MHz，可以满足 60 MIPS（50 MHz）的数据处理能力要求。TMS570 原理如图 4-5 所示。

TMS570 内部集成 3 MB Flash 和 256 kB SRAM 片上存储器，此配置具有单位错误修正和双位错误侦测功能。该器件上的闪存是一种非易失性、电可擦且可编程的存储器，通过 64 位宽数据总线接口实现。此款闪存为 3.3 V 电源输入，用于所有的读、编程和擦除操作。在管道模式下，该闪存运行的系统时钟频率高达 180 MHz。SRAM 支持字节模式、半字模式及字模式下的单周期读/写存取。

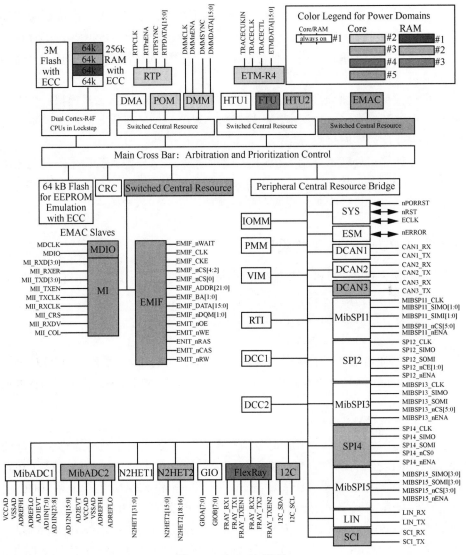

图 4-5　TMS570 原理

（2）SmartFusion 系统架构

ACTEL 公司的 SmartFusion 系列片上系统产品是一款内嵌 ARM 核的
FPGA，基于 Flash 架构能够满足工业、军事、航空、通信和医疗领域高安全性、
高可靠性和低功耗的片上 SOC 系统。产品单粒子翻转免疫，锁定阈值官方数据
为 22MeV/（mg/cm²），其内部还集成了 166 MHz 的 ARM Cortex-M3 硬核处理
器，在 SRAM、PLL 等普通外设的基础上，集成了高速乘法器、DDR2/3、CAN、
USB 以及吉比特以太网等高级外设，能够满足 CAN 总线、RS422 总线外部接

口的需求。

SmartFusion2 系列具有高安全性、高可靠性和低功耗特性，具体表现如下。

① 采用基于 Flash 的最先进设计保护功能，可防止篡改、复制和伪造；采用先进的加密标准 AES-256、安全哈希算法 SHA-256、384 位椭圆曲线密码引擎，彻底改变了 FPGA 在安全性应用中的有效性。

② 具有零故障率（FIT）的 SEU 免疫能力，在内部 Cortex-M3、SRAM、以太网控制器、CAN 控制器、USB 等模块中均采用了 EDAC 校验功能。

③ 静态功耗小于 10 mW，在采用 Flash freeze 模式时，功耗可降至 1 mW，唤醒时间小于 100 μs。

（3）BM3803 系统架构

BM3803 是国产 SPARC V8 的 32 位微处理器，BM3803 系列处理器是国内航天集团研制的针对我国宇航任务研发的 SPARC V8 版本宇航级处理器，BM3803 系列处理器相对目前宇航处理器具备以下优势。

① BM3803 系列处理器质量等级高，适宜应用于高轨、长寿命微纳卫星。

② BM3803 系列处理器进行了一系列有针对性的可靠性试验，其可靠性、稳定性得到了充分的验证。

③ BM3803 系列处理器具备 75 MHz 的高主频，外设丰富，纠检错机制完善，具备抗辐照指标。

④ BM3803 系列处理器采用 PGA391 封装，更加适合高集成度微纳卫星对质量体积功耗的要求。

⑤ BM3803 系列处理器具备总线切换接口，可以使用非常简单的电路实现计算机 8 位模式和 40 位模式的切换，使计算机更简单可靠地实现在轨程序注入更新和应急管理。

⑥ BM3803 系列处理器集成的多个 UART、32 位可配置 GPIO 端口、"看门狗"和定时器等丰富外设，可以大大简化计算机的硬件电路开销。

⑦ BM3803 系列处理器具有 512 MB 的 IO 空间，可以挂靠足够多的 IO 设备，可将下位机作为 IO 设备集成到计算机内部，从而简化卫星结构。

⑧ BM3803 系列处理器为主流的 40 位处理器，具备 5 级流水线及浮点运算能力，主频最高可达 75 MHz，可以使计算机高效运行，处理更繁重的星上任务。

⑨ BM3803 系列处理器具有 100 Krad（Si）的总剂量抗辐照能力，优于 10^{-5} error/（component·day^{-1}）的 SEU 事件，优于 70 MeV/（mg/cm^2）的抗闩锁能力；寄存器三模冗余，寄存器堆 EDAC 容错，大大降低了空间环境的影响，提高了计算机的可靠性。

⑩ BM3803 系列处理器对存储器具备 EDAC 校验能力，提高了系统的可靠性，并减少了软件在容错机制方面的开销。

BM3803 系统结构示意如图 4-6 所示。

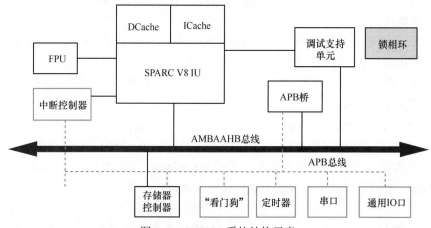

图 4-6　BM3803 系统结构示意

（4）S698PM 系统架构

欧比特公司的 S698PM 是一款抗辐照型的高性能、高可靠、高集成度、低功耗的多核并行处理器，采用对称多处理架构，遵循 SPAC V8 标准，专为高端嵌入式实时及复杂计算等应用而设计。S698PM 内部集成 4 个相同的高性能处理器核心，每个处理器核心均由 32 位 RISC 整型处理单元、双精度浮点处理单元、高速一级缓存和存储器管理单元等组成。S698PM 内部集成了丰富的片上外设，包括 GPIO、UART、定时器、中断控制器、CAN 控制器等。该处理器具备如下特点，系统架构如图 4-7 所示。

① 并行对称多处理架构。

② 集成了 4 个高性能 CPU 的处理器内核，每个 CPU 包括：

• 32 位整型数处理单元；

• RISC 结构；

• 硬件乘法器和除法器；

• 支持两条 DSP 指令（MAC & UMAC）；

• 7 级流水；

• 优化的 32/64 位浮点数处理单元，符合 IEEE-754 标准；

• 8 K 数据缓存（Data Cache）和指令缓存（Instration Cache）。

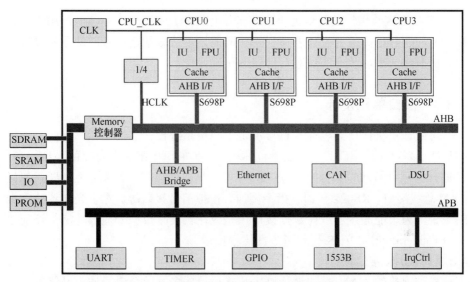

图 4-7　S698PM 系统架构

自主切机功能是星务计算机当班机自主向备份机切换的重要功能，当班机如果发生程序跑飞或其他重要功能丧失的情况，则需要根据切机策略自主发送切机信号，无须地面干预，这样能够最大限度保证卫星在测控站外的安全，提升整星智能化自主控制能力。

4.3.2　存储器设计

存储器与 CPU 及 FPGA 共同构成计算机的最小工作系统，星上用存储器来存储程序以及数据，加电后 CPU 通过与不同的存储器交互，实现程序加载、数据处理及数据缓存的功能。

多数 CPU 采用 SOC 技术，片上具备了一定的存储空间，可以用来存储部分加载程序，但星上数据量巨大，单靠 CPU 芯片内部集成的存储空间远远不够，因此需要根据用途外扩不同的存储器。

微纳卫星从最初大卫星逐渐演变，很多商用 COTS 工业级存储器芯片具有在轨多年飞行经历。从提高可靠性角度出发，启动程序及应用程序需要多份多地址存储，以防止空间单粒子将单份程序打翻后出现计算机无法加载启动的严重情况，所以多采用 NOR FLASH 或 NAND FLASH 芯片存储程序。一般应用程序不大的情况可采用 NOR FLASH，因为其读写速度较快，可用于存储如 uCOS 操作系统等重要信息，并且分区存储、增加冗余；大容量存储可采用 NAND FLASH 并设计在线擦除重构程序的功能。

SRAM 因其极快的读取速度经常被用作 CPU 的高速缓存功能，用于运行较大的应用程序，需要设计人员根据相应的地址线、片选信号以及数据线设计事宜的时序关系，从而实现对存储器的正确操作。

4.3.3　接口单元设计

星载计算机接口兼容性，直接决定了卫星系统设计的灵活性，因此，通过小型化、高可靠的电路设计，在单位体积上，扩展更多形式并可靠的系统接口，是提升星载计算机功能的一项重要工作。星载计算机需兼容的接口形式包括 CAN 总线接口、RS422 接口、指令接口、模拟信号接口等。对于光学遥感类微纳卫星，为了能够兼容载荷数据接口，完成在轨实时数据处理等功能，还应该兼容 Cameralink、LVDS 等高速数据传输接口。

4.3.3.1　CAN 接口设计

微纳卫星的 CAN 总线设计以主从式设计居多，综合电子作为网络的主节点，各分系统及单机作为从节点，CAN 总线网络拓扑结构如图 4-8 所示。

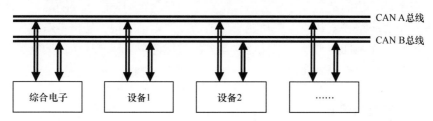

图 4-8　CAN 总线网络拓扑结构

CAN 总线接口模块由 CAN 控制器、CAN 收发器及时钟电路组成，各单机的数据传送过程采用主从应答方式。当总线处于沉寂态时，单机处于接收状态；当接收到总线网络中的呼叫信号后，首先进行判别，如果是针对自己的命令操作，则执行相应操作，并将相应信息返回总线网络的呼叫主机，完成一次通信任务，否则不响应。

报文的传输有 4 种不同的帧类型：数据帧、远程帧、错误帧、过载帧。数据帧由 7 个不同的位场组成，即帧起始、仲裁场、控制场、数据场、CRC 场、应答场、帧结束。帧起始由单个显性位组成，是帧与帧间空间的界定符。帧结束由 7 个隐性位组成，是帧与帧间空间的界定符。

尤其值得注意的是，多台设备使用 CAN 总线同时通信时，需考虑在终端增加匹配电阻，直线形 CAN 总线拓扑结构（如图 4-9 所示）较为简单，在两端各匹配一只 120 Ω 电阻即可。其他如星形拓扑、树状拓扑、环形拓扑结构，需具体考虑通信节点数量及构型，必要时还需增加集线器或中继器保证星上 CAN 总线通信的稳定可靠。

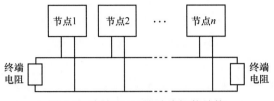

图 4-9　直线形 CAN 总线拓扑结构

4.3.3.2　RS422 接口设计

RS422 即"平衡电压数字接口电路的电气特性"，目前在微纳卫星以及我国多个星船型号上均有广泛应用。

RS422 标准定义了接口电路的特性，主要功能是按此标准进行电路接口设计，完成符合标准的差分信号传输、识别，图 4-10 是典型的 RS422 四线接口设计。

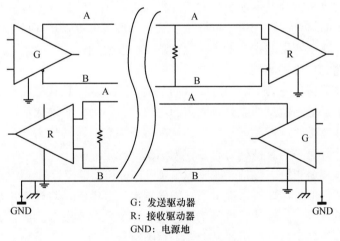

G：发送驱动器
R：接收驱动器
GND：电源地

图 4-10　RS422 四线接口设计

其中，发送驱动器对应一对差分信号线，当差分信号之间电平在+2 V～+6 V 为逻辑正，在−6 V～−2 V 为逻辑负。接收器对应另一对差分信号线，当接收差分信号之间电平在+0.2 V～+6 V，输出逻辑正，当接收差分信号之间电平在−6 V～−0.2 V，输出逻辑负。

RS422 提供了一种标准的通信电气特性，接口芯片电路比较成熟，芯片的供电电压一般选用 3.3 V 与 5 V 供电，两种供电芯片的通信电平能够互相兼容，但在整星设计时不同单机的 RS422 芯片最好能够统一，总体单位应当在整星建造规范中接口电路部分予以明确。

4.3.3.3 指令接口设计

计算机对外发送的遥控指令一般包括直接指令、间接指令、程控指令三种。计算机作为星上核心部分除了汇集信息、处理信息之外，就是发出指令控制星上各分系统及单机执行。

直接指令是指不经过通用处理器模块，由星地遥控单元（如 X 测控、S 测控、UV 测控等）或其他单机输出的脉冲或内部直接执行的指令，直接指令均为立即执行的指令，一般用于控制如蓄电池放电开关、计算机主备机切机、测控设备主备机切机等星上重要功能切换。

相对于直接指令，间接指令主要是指经过计算机或各分系统处理器模块编译输出或内部执行的指令，如计算机控制其他单机加断电的 COMS 电平或 TTL 电平等，该类指令需要经过处理器将信息处理计算后输出一系列电平指令，由于各单元处理器存在一定的失效风险，所以间接电平可靠性低于直接电平。

程控指令是指处理器模块中的软件程序根据预定的程序，在满足一定条件后自主产生的指令，程控指令可以是直接指令形式也可以是间接指令形式，最主要的特点就是产生的指令是满足特定条件后发出的。

4.3.3.4 遥测信息采集接口

星上遥测信息分为两类，其中 RS422 总线及 CAN 总线等属于数字量遥测信息，数字量遥测信息一般具有固定的通信协议；另一类遥测信息是模拟量遥测，需要计算机通过控制模数转换芯片来将模拟量遥测转化为数字量再进行信息处理，这种遥测信息被称为直接遥测信息。

星上直接遥测信息包括有源模拟量（电压）和无源模拟量（温度、压力等）两种。无源模拟量需要接口提供一定的偏置电压或电流，将模拟量转化为电压量或电流量，方便后续计算机采集。直接遥测信息非常重要，而且数量众多，功能密度高的光学微纳卫星通常会有上百路直接遥测，这些遥测信息非常直观地显示了星上各功能部件加断电及温度等重要信息。

卫星系统关键的直接遥测信息还包括卫星的分离信号、帆板展开信号、天线展开信号等，该类信号需要在信息采集的过程中，充分考虑可靠性设计，通过备份、双点双线等手段，保证信息采集的有效性和可靠性。

4.3.3.5 Cameralink 接口设计

Cameralink 是一种专为视频应用及传输而开发的通信接口标准形式。Cameralink 定义配套的标准工业接口器件，所以信号线标准化了，使相机和图像采集信号的传输更加简单化。

标准的 Cameralink 是由多路 Channellink 复用而成的，不仅包含相机图像数据信号和时钟信号，而且包含相机的控制信号和串行通信信号。Cameralink 的接口配置模式包括：基本配置（Base Configuration）模式、中级配置（Medium Configuration）模式、完整配置（Full Configuration）模式。在基本配置模式中，信号发送驱动器、接收器与 4 对用来控制相机的 LVDS 收发器和两对用来协调相机和采集卡间串行通信的 LVDS 收发器协同工作。信号发送驱动器和接收器仅局限于 28 位并行视频数据传输，因此基本配置模式不能够满足所有的视频传输情况。中级配置模式包括两对信号发送驱动器与接收器和与之随同用于相机控制和串行通信的 LVDS 线对。中级配置模式最高可传输 56 位并行视频数据。完整配置模式包括三对信号发送驱动器与接收器和与之随同用于相机控制和串行通信的 LVDS 线对。完整配置模式最高可传输 84 位视频数据。

4.4　电源模块设计

在综合电子系统中，往往集成了卫星系统电源分系统的一部分，通常情况下，电源分系统包括太阳电池阵、蓄电池组和卫星系统的能源管理及供配电系统。其中，为了提高卫星系统的集成度，增加单元体积的功能密度，常常将卫星系统的能源管理及供配电系统以板卡的形式，集成于卫星的综合电子系统。

传统的高分辨率遥感卫星均采用砷化镓太阳能电池片+锂离子蓄电池作为微纳卫星能源获取及存储的介质[76]，如 WordView、GeoEye 等。在电源控制方面，分为单一母线供电及双冗余母线供电两种拓扑形式，而且随着光学载荷功率增大，电源母线的供电电压逐步提高。光学遥感卫星具有多种成像模式，包括点/面目标成像、拼幅成像、立体成像、视频成像等，其工作特点：短时工作，工作时功率需求极大，当光学载荷开机时整星功率瞬时增大，且部分成像目标需要微纳卫星快速机动，姿控执行部分功耗急剧提升，电源设计需满足短时峰值功耗要求；能源平衡，光学成像载荷有时需在不同区域开机观测，而卫星只能在光照区进行充电，而且一年中不同时间轨道平面与太阳的夹角不尽相同，导致太阳电池阵不能一直以最大功率对外发电，所以电源系统设计时需保证最差能源条件下的单圈能源平衡策略。

综合电子电源模块系统原理框图如图 4-11 所示。

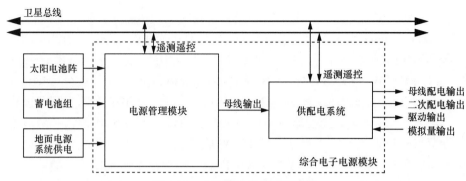

图 4-11　电源模块系统原理框图

综合电子系统中的电源模块可分为电源管理模块以及供配电模块。

（1）电源管理模块

在设计电源管理模块时，主要考虑能源输入、太阳电池阵分流调节、母线电压调节、蓄电池充放电及均衡管理。

电源管理模块首先需要解决卫星的能源输入问题，卫星系统的能源输入来自两方面，分别是卫星在轨时的能源保障和地面测试时的能源提供。卫星在轨的过程中，卫星的能源来自太阳能帆板，通过太阳能帆板产生电流，来为卫星设备存储能量，即蓄电池充电，太阳能帆板能源输入端通过二极管进行输入输出隔离，同时能防止电流反向而使太阳能帆板受损；卫星在地面进行测试的过程中，是通过地面供电系统来为卫星供电的，因此，能源管理模块能够直接通过地面流入的电为整星供电，同时能够为蓄电池充电。

分流不调节母线架构是微纳卫星中常采用的一种形式，需要确定卫星系统所采用的母线电压及输出功率，常用的母线电压包括 16 V、28 V。分流调节功能是太阳阵与星上用电设备及蓄电池的重要关键环节。太阳阵因受晒角度不同，产生的电压、电流不稳定，当受晒强烈时，母线电流高于后端设备所设计的最大承载能力，需及时启动太阳阵分流功能将"过剩"的能源泄放掉。分流调节电路以脉宽调制（PWM）电流为核心，PWM 信号从母线电压取样，该信号在进入放大比较电路后进入脉宽调制电路，产生与采样电压信号相对应的调宽信号（即占空比根据母线电压可调），输出的调宽信号经过驱动电路控制分流 MOS 管的导通关闭时间，通过太阳电池阵对地进行控制分流，从而对蓄电池组及后端设备进行限压式充电供电。

微纳卫星星上电源系统母线供电电压一般有 16 V、28 V、42 V 三种等级，对应的用电负载设备及二次电源变换按照相应的电压等级进行相关性设计。一般来说，载荷及星上平台设备负载功率越大，电流越大，则在供电路径上的损耗越大，所以负载功率在 2 kW 以下的微纳卫星多数选择 28 V 低压母线。光学微纳卫星一般长期负载不超过 2 kW，短期峰值功率不超过 4 W，所以选择 28 V 母线或 42 V 母线即可。

蓄电池作为卫星在轨运行在阴影区唯一的能源来源，其充放电控制功能至关重要。卫星约 90 min 绕地球一圈，蓄电池在光照区充电及阴影区放电的周期约 45 min，如此频繁的重放电需要可靠的蓄电池充放电技术。一般在寿命初期，锂电池单体电压充电至 4.05 V 是比较安全的；在寿命末期，锂电池性能退化、容量衰减，单体充电电压可提升至 4.15 V。由于锂离子电池对于充电电流及温度敏感的特性，一般建议充电电流不超过 3/10 倍的蓄电池额定容量。

假设星上选用蓄电池组设计为 8 串，则蓄电池充电转恒压的控制点选择为 4.05 V×8=32.4 V，寿命末期的转恒压控制点在 4.15 V×8=33.2 V；蓄电池组容量设计为 100 Ah，则每组充电电流不超过 0.3×100=30 A，同时可根据蓄电池寿命模型精细化设置充电模式，增加充电电流分档，延长卫星蓄电池在轨寿命。

微纳卫星主流蓄电池功率放电开关一般采用 PMOS 并联实现开启和关断。正常工作时，MOS 管闭合，电源管理模块提供蓄电池组电压检测电路，提供给遥测遥控及管理模块采集，当遥测遥控及管理模块检测到蓄电池电压低于设定值时，通过发生"蓄电池放电开关断"指令，将 MOS 管断开，即蓄电池停止对外放电。此时太阳电池阵可通过 MOS 管自身的寄生体二极管特性对蓄电池进行充电。蓄电池放电 MOS 管采用冗余设计，并采用两个并联的方式，保证任何一个开路时蓄电池组仍能正常放电。

由于单体电池电压较低，蓄电池组使用时需将多个电池单体串联使用以满足设计母线电压的需求。电池串组在轨期间反复充电和放电，每个电池单体的退化程度和衰减特性不同，性能较差、退化严重的电池单体比其他电池单体更快完成放电或充电，因此该性能较差的电池严重制约了蓄电池组的安全性和整体寿命，甚至会引起火灾爆炸等灾难性后果。

当单体电池之间的电压压差大于或等于 60 mV 时，表明电池单体性能分化已经比较严重，需单独提供一个放电支路进行放电均衡，该单体电压会因为放电而电压下降；当压差小于或等于 40 mV，即可断开该单体的均衡，这个过程就是对锂离子电池均衡管理的过程。为了避免某单体电池开路导致整组蓄电池发生故障，需要及时检测故障单体并对该单体电池进行旁路隔离控制。星上采用电压采集电路定时采集各个单体电池的电压，当单体电池间电压长期小于 2 V 或大于 4.5 V 时，则认为该单体电池性能已经严重退化，采用 Bypass 专用器件或继电器等手段将该单体电池隔离。

（2）供配电模块

卫星系统中因供电需求不同，往往需要将母线电压变换为稳定可用的二次电，供单机设备使用。一般情况下，供配电模块可设计为包括输入保护电路、浪涌抑制电路以及 DC/DC 电源变换模块，为了增加系统的 EMC 性能，在电源变换的前端可加装滤波器。

保护电路的设计可以直接采用熔断器，熔断器可以采用并联进行使用，同时在其中的一个熔断器上可加入串联电阻。在正常情况下，电流会通过单独的熔断器，但如果出现大的浪涌电流，串联电阻的熔断器会产生分流作用，避免浪涌电流对熔断器的损伤。

浪涌抑制电路的设计可以采用 RC 元件与 MOS 管组成。上电瞬间，电容等效为短路，MOS 管处于截止状态，等效于一次母线电源正线与滤波器正线输入之间呈现高阻状态，可以有效地减小浪涌电流。

DC/DC 电源变换模块可直接选用现有的芯片或模块，如常用的 InterPoint 公司生产的电源模块，电源转换效率较高，同时，为了降低成本，可以选择其他具有在轨飞行经历的电源变换芯片。在每一路配电时，还需要设计继电器形式或 MOS 管形式的开关，实现单路配电的通断或切机功能。

4.5　本章小结

为了降低微纳卫星系统的体积，往往采用具有高功能密度的综合电子系统，综合电子系统往往集成了卫星的星载计算机、电源管理及配电、测控、GNSS、载荷数据处理等功能模块，可综合实现卫星系统的大部分功能。在设计综合电子系统的过程中，各个功能模块往往为可定制剪裁，极大增加了系统设计的灵活性和可扩展性。

本章从光学遥感微纳卫星的使用需求出发，介绍了一种低成本、高集成度、高功能密度的综合电子系统架构设计及信息流设计，并基于此架构，重点介绍了星载计算机模块及电源模块的设计方法。

第 5 章

微纳卫星光学遥感载荷

卫星真正用来完成应用任务的部件是载荷部分，卫星有效载荷的定义可以理解为直接执行特定卫星任务的仪器、设备或分系统。

卫星有效载荷的种类差别很大。例如，用来完成通信任务的有效载荷，通常为某一频段下的信号接收及发射机；完成导航任务卫星的有效载荷，通常为导航数据存储器、数据注入器、卫星时钟；遥感卫星载荷通常根据特定的遥感任务需求，分为可见光或红外相机载荷、光谱式相机载荷、合成孔径雷达、微波波段辐射计、散射计等。根据卫星任务的不同，卫星还可以装载多种载荷，用来实现多种载荷协同工作，联合完成系统任务。其中，每个载荷发挥其自身的作用，收集来自自身载荷的数据，不同载荷之间可以达到技术优势互补，结合数据处理、数据融合等技术，发挥单一载荷难以达到的效果。

光学遥感载荷是指完成特定光学遥感任务的有效载荷产品。光学遥感一般是指波段为紫外至红外光学波段内，进行无接触、远距离的信息获取及处理。因此，光学遥感载荷通常为可见光遥感相机、红外波段光学遥感相机、光谱类光学遥感相机。有时为了联合完成系统任务，卫星会搭载多个光学遥感相机，如同时搭载可见光及红外载荷，以联合实现白天及夜晚的成像任务；搭载多光谱结合可见光遥感相机，以实现图像数据有用信息增强等功能。通常称卫星用来完成主要功能的载荷设备为主载荷。

为了保证卫星载荷任务的特殊需求，卫星除搭载主载荷以外，有时还会辅助配合其他测量设备，如大气校正设备、微振动测量设备等，用来完成对主载荷设备采集得到的数据进行数据校正，使得到的数据更真实、可靠，实用度更高。

5.1　光学遥感载荷设计方法

光学遥感载荷的系统设计分为以下几个关键部分[77-95]。

（1）载荷任务分析

载荷任务分析是对卫星任务进行分析进而分解得到的。根据卫星需要完成的应用任务，可以把应用描绘成卫星所要完成的功能要求，在功能要求的基础上，包含着卫星应用所要实现的技术指标，根据卫星本身所要完成的功能指标和技术指标，进而分解出载荷所要完成的任务，即定量给出卫星载荷的功能指标和载荷任务的应用指标，通过这两种定量的指标，进而指导卫星进行载荷的总体设计。

（2）载荷总体设计

卫星载荷的总体设计，有时被称为载荷的概要性设计。在进行载荷总体设计之前，需要确定载荷设计所需要的限定性条件，如载荷所要完成的功能、载荷需要完成的应用级技术指标、卫星平台能提供给载荷的资源、项目本身的经费预算等。

载荷限定性条件的来源可以从两方面得到。首先，在载荷进行任务分析后，得到载荷任务的分析结果，即载荷所要完成的功能要求和载荷应用要求，这两个要求可以作为载荷总体设计的最基本的限定性条件。其次，载荷总体设计的限定性条件来自卫星系统本身以及卫星系统的成本预算，其中，卫星系统本身的限定性条件包括卫星平台能够提供给载荷本身的尺寸、质量、功耗等。

得到载荷的所有限定性约束后，就可以进行载荷的总体设计。载荷的总体设计，需要解决两个关键性问题：第一，确定载荷能够满足限定性条件的可行性方案，这里的方案，通常是指最优化的方案；第二，确定载荷本身的技术指标。通过可行性方案和载荷本身的技术指标，指导进行载荷系统的详细设计。

（3）载荷系统详细设计及实施

载荷系统详细设计及实施即根据可行性方案和具体的载荷指标要求，来进行载荷详细设计，并通过所进行的设计指导载荷的生产、组装、调试、测试、试验，最终具备装星的状态。

（4）载荷数据处理

载荷在卫星运行过程中所产生的载荷数据，往往不是直接用于应用的数据，而是将载荷得到的原始数据进行预处理，预处理后的数据，根据应用，再封装成卫星数据产品，这就是通常所说的一级产品、二级产品。用户可以根据自己的应用需求选择卫星数据产品，完成实际应用[96-103]。

5.1.1　光学遥感载荷详细设计及方法

5.1.1.1　成像技术发展背景

光学是物理学的重要分支，研究从微波、红外线、可见光、紫外线直到 X 射线和 γ 射线的宽光谱范围内电磁辐射的产生、传播、接收和显示，着重研究范围是红外到紫外。光学成像学科的发展以望远镜和显微镜的发明为开端。1608 年，李普塞利用一个凸透镜和一个凹透镜组成的透镜组使远处物体得到放大，诞生了最初级的望远镜。1609 年，伽利略设计和制造了世界上第一架用于天文观测的望远镜，他将一个平凸透镜作为物镜固定在管状筒子的一端，一个平凹透镜作为目镜固定在另一端进行天文观测，这一望远镜被后人称为"伽利略望远镜"。天文望远镜的诞生将人类的视线拓展到无限神秘的太空。显微镜的发展是从一个短焦距放大镜开始的，这种只有目镜的显微镜被称为单式显微镜。1665 年，列文虎克经过多年坚持不断的摸索，磨制出了一个直径约为 3 mm 的小透镜，制成了他的第一个单式显微镜。1675 年，他用多片透镜组装了放大倍率 300× 的单式显微镜，促进了微生物界的研究进展。由物镜和目镜组成的显微镜被称为复式显微镜。显微镜的诞生为人类文明发展打开了微观世界的大门。

早期的望远镜和显微镜通过组合各种不同焦距的透镜而成，没有像差的计算和校正，成像质量不理想。直到 18 世纪 30 年代，穆尔·霍尔发现火石玻璃与普通的冕牌玻璃的色散不同，用冕牌玻璃作凸透镜，火石玻璃作凹透镜，组合起来可实现消色差。1733 年，直径 65 mm、焦距 500 mm 消色差透射式望远镜问世。1757 年，消色差透射式望远镜正式用于天文观测。从此，人们开始了光学成像系统成像和像差理论研究，并采用光线追迹计算的方法，设计了各种透射式和反射式光学成像系统。这些研究成果标志了光学成像设计学科的初步建立。

电子计算机的应用和发展，把人们从大量烦琐的光线计算中解放出来。新的光学材料的出现，新的接收器件的发明，电子学的飞速发展，光学与电子学的结合，使光学成像设计学科有了突飞猛进的发展。各种各样的光学成像系统应运而生，并被广泛地应用于各个领域。

5.1.1.2　光学载荷基本参数

光学遥感系统的基本性能由三个主要参数表征：焦距 f'、相对孔径 D/f' 和视场角 2ω。除此之外，还有前主点和后主点、孔径光阑、入射光瞳和出射光瞳、视场光阑、入射窗和出射窗等。

（1）焦距

焦距是光学成像系统后主点到焦点的距离，是平行光线经光学成像系统聚焦的轴向距离，其表达式为

$$f' = \frac{h}{u'} \tag{5-1}$$

其中，h 为入射光瞳的半孔径，u' 为光线聚焦的半孔径角。

物方平行光线经光学成像系统聚焦的轴向距离被称为像方焦距，像方平行光线经光学成像系统聚焦的轴向距离被称为物方焦距，两者数值相同，符号相反（物方与像方折射率）。

光学成像系统是由不同弯曲形状的透镜或多组透镜组成的，最后一块透镜的后表面半径顶点到焦点的距离被称为后工作距 l'，一般后工作距不等于焦距，焦距量度的起点为后主点 H'。光学成像系统反向追迹，可获得物方焦距，物方焦距量度的起点则为前主点 H。光学成像系统各参数的物理意义如图5-1所示。

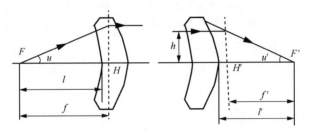

图5-1　光学成像系统各参数的物理意义示意

成像的大小是由光学成像系统焦距决定的，当物体位于有限远时，像大小表示为

$$y' = (1 - \beta)f'tg\omega \tag{5-2}$$

其中，y' 为像高，β 为横向放大率，ω 为半视场角。

当物体位于无限远时，上式可简化为

$$y' = f'tg\omega \tag{5-3}$$

由此可以看出，光学成像系统成像大小与系统焦距成正比。因此，为了分辨远处目标，光学成像系统的像越大越好，焦距越长越有利。

（2）相对孔径

孔径光阑是光学成像系统中限制通光量的装置，孔径光阑被其前面透镜组在整个光学成像系统物方空间所成的像被称为入射光瞳，简称入瞳；孔径光阑被其后面透镜组在整个光学成像系统像方空间所成的像被称为出射光瞳，简称

出瞳。因此，入瞳、孔径光阑、出瞳是物像共轭关系，如图 5-2 所示。

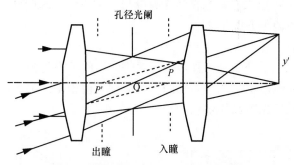

图 5-2　孔径光阑与入瞳、出瞳的关系

相对孔径是光学成像系统入瞳孔径与焦距之比，当物体位于有限远时，可表示为

$$\frac{D}{f'} = 2(u' - u) \tag{5-4}$$

其中，D 为入瞳孔径。

当物体位于无限远时，上式可简化为

$$\frac{D}{f'} = 2u' \tag{5-5}$$

光学成像系统的相对孔径决定了系统受衍射限制的最高分辨率和像面照度。系统的最高分辨率就是通常所说的截止频率。

$$N = \frac{D / f'}{\lambda} = \frac{2u'}{\lambda} \tag{5-6}$$

其中，N 为截止频率，λ 为工作波长。

通常，可见光谱段的中心波长为 550 nm 左右，当存在 $\lambda / 4$ 像差时，有经验公式

$$N = \frac{2u'}{\lambda} \cdot 0.82 \approx \frac{1476}{F} \tag{5-7}$$

其中，F 为相对孔径倒数，称为 F 数。

光学成像系统的相对孔径与像面照度的关系为

$$E' = \frac{\pi}{4} B\tau (D / f')^2 \tag{5-8}$$

其中，E' 为像面照度，B 为物体的光亮度，τ 为光学成像系统透过率。

从式（5-8）可以看出，当物体光亮度与光学成像系统透过率一定时，像面照度与相对孔径的平方成正比。

（3）视场角

对于光学成像系统而言，称被拍摄景物的空间范围为视场。轴外光束的中心线被称为主光线，主光线与光轴的夹角被称为视场角。图 5-3 为无限远和有限远光学成像系统光路结构示意。

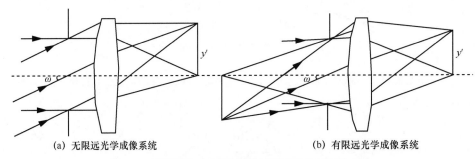

(a) 无限远光学成像系统　　　　　　　　　　(b) 有限远光学成像系统

图 5-3　无限远和有限远光学成像系统光路结构示意

其中，ω 为视场角，无限远光学成像系统的表达式为

$$tg\omega = \frac{y'}{f'} \tag{5-9}$$

由此可见，光学成像系统的视场角决定被拍摄景物的空间范围，其大小与像面大小、系统焦距有关。在像面大小一定的情况下，焦距越长视场越小，在系统焦距一定的情况下，视场角大小取决于像面大小，如 CCD 感光面大小。限制成像范围的光阑被称为视场光阑，如光学成像系统中 CCD 或者 CMOS 感光面。视场光阑被其前面透镜组在整个光学成像系统物方空间所成的像被称为入射窗，被其后面透镜组在整个光学成像系统像方空间所成的像被称为出射窗，视场光阑、入射窗、出射窗互为共轭关系。在光学成像系统中，视场角在 60°～90° 的物镜被称为广角物镜，视场角在 90° 以上的物镜被称为超广角物镜，鱼眼物镜视场角高达 180° 以上。

在连续成像的组合系统中，需要满足孔径光阑和视场光阑匹配条件，即第一像面既是前一个成像系统的出射窗，也是后一个成像系统的入射窗，从而保证第一像面与第二像面的共轭关系，前一个系统的出瞳与后一个系统的入瞳应该重合，使前后两个系统的入瞳和出瞳相互共轭。

图 5-4 为望远系统光路示意，孔径光阑位于第一片透镜，即入瞳与孔径光

阑重合，出瞳在目镜外面，而视场光阑在分划板（即像面）上。

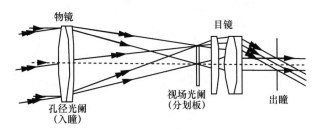

图 5-4　望远系统光路示意

图 5-5 为二次成像的光学成像系统原理示意，第一像面处增加一组透镜，称之为场镜，场镜使前一组透镜的出瞳与后一组透镜的入瞳衔接在一起，此外场镜可以压缩光路口径。

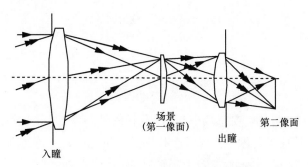

图 5-5　二次成像的光学成像系统原理示意

光学成像系统中，焦距、视场、相对孔径三个主要的性能参数是相互关联、相互制约的，三个主要光学性能参数代表一个光学成像系统的性能指标。

$$f' \cdot (D/f) \cdot tg\omega = 2htg\omega = 2y'u' = 2j \tag{5-10}$$

三个主要光学性能参数乘积是两倍的拉亥不变量 j，即拉格朗日–亥姆霍兹不变量，其表达式为

$$j = nhw = n'y'u' \tag{5-11}$$

拉亥不变量是表征一个光学成像系统的总体性能指标。

5.1.1.3　光学载荷像差要求

光学载荷系统像差包括球差、彗差、像散、场曲、畸变、位置色差和倍率色差 7 种像差，其中，前 5 种是单色像差，后两种是色差，接下来分别论述各个像差特性。

（1）球差

球差是由光束孔径增大所引起的像差，其表达式为

$$LA' = l' - L' \tag{5-12}$$

其中，LA' 为球差，l' 为近轴光束光线的后截距，L' 为宽光束光线的后截距。

当入射光束孔径变大，高级球差随之增加，当只考虑五级量时，轴向球差可表示为

$$2n'u'^2 LA' = s_I h^2 + s_I^1 h^4 \tag{5-13}$$

其中，h 为光束半孔径；s_I 为初级球差系数，；s_I^1 为高级球差系数。

设计光学载荷时，一般要求光束孔径的边缘校正球差，由于相对孔径大，存在比较大的高级球差，通常用初级球差来平衡。在边缘矫正球差的同时会导致 0.707 孔径残存较大的带球差，其值表示为

$$2n'u'^2 LA_z' = 0.25 s_I^1 \tag{5-14}$$

变形为

$$LA_z' = \frac{s_I^1}{8n'u'^2} \tag{5-15}$$

由式（5-15）可知，要想减小 0.707 孔径的带球差 LA_z'，必须减小高级球差系数 s_I^1。为了使球差与轴外点像差有相同的评价标准，并能清晰看出其弥散圆大小，通常用 $\Delta y'$ 描述轴向球差的垂轴量，其表达式为

$$\Delta y' = LA' \cdot tgu' \tag{5-16}$$

其中，$\Delta y'$ 为弥散圆半径。当球差从中心视场移向轴外视场时，除了随孔径增大而产生孔径高级球差外，还随视场角的增加而产生视场高级视差，称之为轴外球差。在子午面内被称为子午轴外球差；在弧矢面内被称为弧矢轴外球差。

（2）彗差

彗差是轴外物点宽光束经光学系统成像后，由于光束结构失对称导致的像差，它是视场和孔径的函数。当只考虑近轴点时，彗差表示为

$$2n'u'coma_T' = 3s_{II}h^2 + 5s_{II}^{II}h^4$$
$$2n'u'coma_S' = s_{II}Z^2 + 5s_{II}^{II}Z^4 \tag{5-17}$$

其中，$coma_T'$ 为子午彗差，$coma_S'$ 为弧矢彗差，h 为子午光束孔径，Z 为弧矢光束孔径，s_{II} 为初级彗差系数，s_{II}^{II} 为高级彗差系数。一般用正弦差 osc' 来衡量

光学成像系统满足正弦条件的程度，osc′ 通常被称为正弦差，其表达式为

$$\text{osc}' = 1 - \frac{u'(l' - l'_p)}{\sin u'(L' - L'_p)} \qquad (5\text{-}18)$$

则正弦差与彗差之间的关系为

$$\begin{aligned} \text{coma}'_T &= 3y'\text{osc}' \\ \text{coma}'_S &= y'\text{osc}' \end{aligned} \qquad (5\text{-}19)$$

彗差是轴外像差之一，它会破坏轴外视场的成像清晰度，彗差随着视场的增大而增大，故对于大视场成像系统，必须矫正彗差。

（3）像散和场曲

随着视场角增大，由轴外光束在子午面内和弧矢面内聚焦不一致引起的像差被称为像散。对于邻近主光线的细光束在子午面和弧矢面内聚焦不一致引起的像差，被称为细光束像散，其表达式为

$$x'_{ts} = x'_t - x'_s \qquad (5\text{-}20)$$

其中，x'_{ts} 为细光束像散，x'_t 为细光束子午场曲，x'_s 为细光束弧矢场曲。

根据相应推导计算，初级子午场曲和初级弧矢场曲可表示为

$$\begin{aligned} 2n'u'^2 x'_t &= (3s_{\text{III}} + s_{\text{IV}})y'^2 \\ 2n'u'^2 x'_s &= (s_{\text{III}} + s_{\text{IV}})y'^2 \end{aligned} \qquad (5\text{-}21)$$

其中，s_{III} 为初级像散系数，s_{IV} 为初级场曲系数。而初级像散可表示为

$$n'u'^2 x'_{ts} = s_{\text{III}}y'^2 \qquad (5\text{-}22)$$

对于轴外宽光束在子午面内和弧矢面内聚焦不一致引起的像差，被称为宽光束像散，其表达式为

$$X'_{TS} = X'_T - X'_S \qquad (5\text{-}23)$$

其中，X'_{TS} 为宽光束像散，X'_T 为宽光束子午场曲，X'_S 为宽光束弧矢场曲。

光学成像系统中消除像散时，系统的子午像面和弧矢像面重合，但像面并不与高斯面重合，这个偏离量与视场角的平方成正比，被称为场曲。细光束的计算给出了子午光束和弧矢光束在光束中心与高斯面的斜率，这就是细光束的子午场曲和弧矢场曲，其表达式为

$$\begin{aligned} x'_t &= l' - l'_t \\ x'_s &= l' - l'_s \end{aligned} \qquad (5\text{-}24)$$

宽光束的计算给出了子午光束和弧矢光束边缘两条光线连线的斜率，即宽光束的子午场曲和弧矢场曲，其表达式为

$$X'_T = l' - L'_T$$
$$X'_S = l' - L'_S$$

（5-25）

实际上，宽光束子午场曲和弧矢场曲与细光束子午场曲和弧矢场曲有关。因此，通常用细光束像散和场曲的校正，作为控制宽光束像散和场曲的手段。宽光束子午场曲、弧矢场曲与细光束子午场曲、弧矢场曲的差，分别为子午轴外球差和弧矢轴外球差，其表达式为

$$LA'_T = x'_t - X'_T$$
$$LA'_S = x'_s - X'_S$$

（5-26）

由此可见，像散和场曲同球差一样，是相对于高斯面的离焦效果。

（4）畸变

畸变是主光线的像差，是由于物像平面上不同视场的横向放大率不同而引起的，其表达式为

$$2n'u'\mathrm{DT}' = S_V y'^3 + S_V^V y'^5$$

（5-27）

其中，DT' 为畸变，S_V 为初级畸变系数，S_V^V 为高级畸变系数。

光学成像系统存在畸变会使物像失去相似性，但不影响成像的清晰度。通常用相对畸变来衡量变形程度，其表达式为

$$\mathrm{DT} = \frac{\Delta y'}{y'} \cdot 100\%$$

（5-28）

其中，$\Delta y'$ 为理想像高与实际像高的差。对于精密测量成像设备，其相对畸变需要严格校正，甚至有时需要控制在 0.05% 以内。

（5）位置色差和倍率色差

光学材料对不同波长的色光具有不同的折射率。因此，同一孔径不同色光的光线经光学成像系统后与光轴有不同的交点，不同孔径不同色光的光线与光轴的交点也不相同，在任何像面位置，物点的像是一个彩色的弥散斑，这种因波长不同而引起的差别统称为色差。

位置色差是不同波长的光线在轴向位置产生的位置差，通常选择对接收器最灵敏而又居于波段中间的波长校正单色像差，而对波段两端的波长消色差，其表达式为

$$\Delta l'_{\lambda_1 \lambda_2} = l'_{\lambda_1} - l'_{\lambda_2} \tag{5-29}$$

其中，$\lambda_1 < \lambda_2$。在可见光谱段，通常选择 d 线（即黄光）校正单色像差，而对 c 线（即红光）和 g 线（即蓝光）消位置色差，则位置色差表达式变为

$$\Delta l'_{gc} = l'_g - l'_c \tag{5-30}$$

对波段两端的波长消色差，其实就是让它们的焦点相重合，此时，中心波长的焦点并不与其重合，此偏离量被称为二级光谱，其表达式为

$$\Delta L'_{\lambda_1 \lambda_2 \lambda} = (1 - \beta)^2 f'(\Delta p / \Delta v) \tag{5-31}$$

其中，$\Delta p / \Delta v$ 为二级光谱常数。二级光谱与焦距成正比，在设计长焦距成像物镜时，需要校正二级光谱。

倍率色差是不同波长的光线在同一视场内成像高度的差别，通常以光束中心的主光线成像高度来量度，其表达式为

$$\Delta y'_{\lambda_1 \lambda_2} = y'_{p\lambda_1} - y'_{p\lambda_2} \tag{5-32}$$

光学载荷系统色差校正需要同时兼顾位置色差和倍率色差，当二级光谱超出像差允许范围，还应选择特殊光学材料降低二级光谱常数，以校正二级光谱。

5.1.1.4　光学载荷常用望远系统结构

微纳卫星系统采用的往往是具有小型化特点的光学系统结构，下面给出一些适用于微纳卫星光学载荷的望远系统结构设计方法，可根据不同的系统需求，进行相应望远系统结构的选择。

（1）双高斯光学成像结构

双高斯结构也被称为 Planar 结构，它是利用薄透镜与厚透镜相互组合来进行消像差的对称型结构。典型的双高斯物镜，相对孔径一般在 1:2～1:1.7，视场角为 45°左右。通过双高斯结构的复杂化处理，可将相对孔径提高到 1:0.95 以上。对称型双高斯结构孔径光阑处于光学成像系统的中间，不但结构完全对称，物、像也处于完全对称位置，即物像放大倍率为–1（–1 表示为倒像）。此时，彗差、畸变和倍率色差这三种垂轴像差自动消除；球差、像散、场曲和位置色差这 4 种轴向像差相互叠加。所以，设计一个结构对称、物像倍率为–1 的光学成像系统，只需设计一个校正球差、像散、场曲和位置色差的半部系统即可校正系统的全部 7 种像差。如果物、像并不对称，只需对结构进行失对称变化，就可以使各种像差得到校正，因此通过研究对称双高斯结构的像差特性，以及失对称对像差校正的作用，可以使设计工作大为简化。双高斯

结构巨大的像差校正优势，使大多高质量的成像系统采用这种结构进行优化设计。

　　有时采用双高斯物镜的复杂化是为了提高相对孔径和成像质量，降低轴上高级球差和轴外球差，通常采取分散光焦度的方法，即通过增加前组和后组单透镜或胶合透镜，增大像差校正的自由度，达到提高成像质量的目的，图 5-6 为典型的无穷远成像失对称复杂化双高斯结构光路示意。

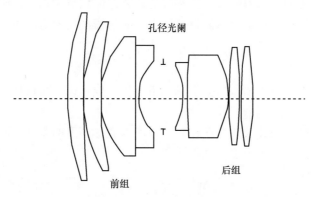

图 5-6　典型的无穷远成像失对称复杂化双高斯结构光路示意

（2）远距光学成像结构

根据牛顿公式，垂轴放大率可表示为

$$\beta = \frac{f'}{x} \tag{5-33}$$

其中，x 为物面到物方焦点的距离，该式表明，垂轴放大率与焦距成正比，而与物距成反比。当物距很远时，如望远成像系统，要想获得较大的垂轴放大率，只能使用长焦距成像系统。一般长焦距成像系统采用双胶合结构形式或者场曲结构形式，但这些结构形式的特点是光学总长度大于焦距，这使整个成像系统的体积和质量大大增加，使用不方便。而远距形结构可以有效缩短长焦距成像系统的尺寸。

　　图 5-7 为典型的远距光学成像结构光路示意，它采取正负光焦度分离的形式，正光焦度透镜组在前，负光焦度透镜组在后，后主面向前移出光学成像系统之外，使光学总长度 L（即光学成像系统第一透镜的前表面到焦面的距离）小于焦距 f'，从而缩小光学成像系统的结构尺寸，并定义光学总长度 L 与焦距 f' 之比 L/f' 为远距比。远距比是远距光学成像结构的重要指标，远距比越小，光学成像结构长度越短，通常远距比小于 1。

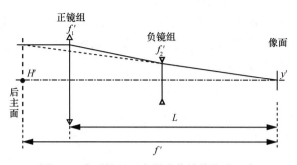

图 5-7　典型的远距光学成像结构光路示意

远距光学成像结构焦距长、视场角较小、相对孔径一般不大，由于结构形式的不对称性，光学成像系统的垂轴像差不能相互抵消；由于光学成像系统的焦距长，二级光谱较大，垂轴像差和二级光谱成为影响远距光学成像结构成像质量的重要因素。而且在远距光学成像结构中，后镜组的光焦度为负，增加了前镜组的正光焦度，导致光学成像系统的高级像差增加。典型的远距光学成像系统，其前镜组为具有正光焦度的双胶合，其后镜组为具有负光焦度的双胶合。为降低高级球差，最简单的办法是把前镜组的胶合面分离，但是，这种方法不足以降低高级像差，需要对前组进行复杂化处理，如增加一个不晕透镜，减轻前组每个单元透镜的光焦度，而整个系统的像差是前镜组和后镜组共同平衡校正的，前镜组的像差需要后镜组加以补偿。但这样会导致后镜组透镜的极度弯曲，从而产生很大的高级像差。为了避免后镜组的各镜面的弯曲过大，需要把后镜组的胶合透镜也分开，来增加像差校正的自由度。

远距光学成像结构由于焦距长而有较大的二级光谱，且由于正负光焦度分离而进一步增大，若前镜组的焦距 f_1' 短，则前镜组的二级光谱将缩小 f_1'/f'，且被后镜组放大 $(f'/f_1')^2$，也就是由于前镜组和后镜组的正、负光焦度分离，整个光学成像系统的二级光谱将增加 f'/f_1'。因此，当光学成像系统的焦距很长或相对孔径很大时，需要在前镜组结构形式复杂化的基础上，采用具有相对部分色散的特殊玻璃或者晶体材料，对其进行复消色差或半复消色差。

（3）反远距光学成像结构

反远距光学成像结构也被称为广角长工作距离光学成像系统，对于一般的光学成像系统，后工作距离均短于焦距，在有些情况下，要求短焦距物镜的后工作距离足够长，甚至长于焦距，以方便探测器的固定和安装。短焦距成像系统往往要求其具有很大的视场角，为了同时实现广角和长工作距离的要求，出现了"反远距型"光学成像结构形式，之所以称为反远距型，是因为它的结构形式与远距型相反，如图 5-8 所示，系统也采取正负透镜的分离，负光焦度透镜组作为前镜组；正光焦度透镜组作为后镜组。光线经前镜组发散后进入后组，被后镜组成像在焦平面上，使整个系统的后主面向后移出光学成像系统，从而获得比焦距长的后工作距离 $L_{后}$，而大视场角的轴外光线，经前镜组发散后，相对于后镜组视场角变小，从而达到广角的目的。

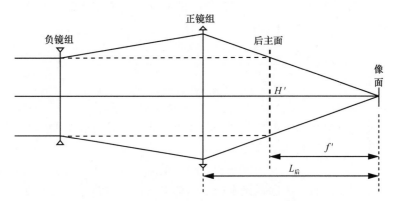

图 5-8　典型的反远距光学成像结构光路示意

反远距物镜前组的角放大率的倒数 $1/\gamma_1$ 决定了光学成像系统的后工作距离和视场角。在归一化条件下，即 $f'=1$ 时，通过推导可获得如下表达式。

$$\frac{1}{\gamma_1} = \frac{L_{后}}{f'} \tag{5-34}$$

称后工作距离与焦距之比为反远比，即 $1/\gamma_1$ 就是反远距光学成像结构的反远比。反远比是反远距光学成像系统的重要指标，通常反远比大于 1，反远比越大，后工作距离越长。前镜组的光焦度直接关系着光学成像系统相对孔径的大小，即决定前镜组结构的复杂化程度。如果反远比、视场角、相对孔径都不大，则可以采用弯月形单负透镜作为前镜组。当反远比、视场角和相对孔径都较大时，前组的光焦度也会较大，这就要求对前镜组进行复杂化，即采用双胶合负透镜、正负分离透镜，以及各种更复杂的结构形式。

对于后镜组而言，当平行光束经负光焦度的前镜组发散后，就成为对近距离成像的投影光学成像系统，这时需要后镜组来补偿前镜组的负光焦度，所以后镜组相对孔径比较大。而轴外光束经前镜组发散后，后镜组的视场角缩小，所以后镜组实际上是物像关系比较对称、相对孔径比较大、视场角比较小的光学成像系统。对于物像关系基本对称的光学成像系统，一般选择对称的结构形式，令垂轴像差自行消除。对于前镜组而言，为了降低高级像差，前镜组总是存在一部分残余像差，且垂轴像差（如彗差和畸变）比较大，需要由后镜组进行平衡修正；而且基本对称的结构形式，要想产生较大垂轴像差很困难，就要求后镜组在物像关系比较对称的情况下，对结构形式进行比较大的失对称变化。

（4）鱼眼光学成像结构

通常把视场角为 180°的类似鱼的眼睛的光学成像结构称为鱼眼光学成像结构，如图 5-9 所示，由于水和空气之间的折射作用，视场角可达 180°。

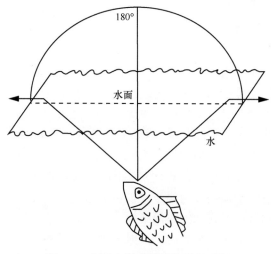

图 5-9　鱼眼光学成像结构原理示意

20 世纪初期，Bond 用一个中心带有光瞳的半球透镜实现 180°视场角成像，如图 5-10（a）所示，但这种结构场曲很大，为了校正场曲，Hill 在半球透镜前面引入一个弯月形负透镜，如图 5-10（b）所示，Hill 称这种结构为全天物镜（Sky Lens）结构，这种全天物镜结构是鱼眼光学成像结构的雏形。

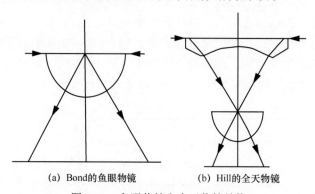

（a）Bond的鱼眼物镜　　　　（b）Hill的全天物镜

图 5-10　鱼眼物镜和全天物镜结构

鱼眼光学成像结构并不是从反远距型广角结构发展而来的，但在结构上可以看作视场角为 180°的反远距系统，两者之间的区别主要在于鱼眼光学成像结构具有很大的固有畸变。这种固有畸变是把半球视场投影在平面上变形造成的，因此，不能把这种固有畸变看作通常意义上的像差。

鱼眼光学成像结构的成像关系采用等距离投影法，其像高可表示为

$$y' = f' \cdot \theta \tag{5-35}$$

其中，θ 为视场角弧度值。

常规成像系统像高表达式为

$$y' = f' \cdot tg\omega \tag{5-36}$$

因为鱼眼光学成像系统在结构上可看作视场角为 180°、畸变不按通常方法校正的反远距光学成像结构，所以鱼眼光学成像系统同反远距光学成像系统在设计方法上大致相同，只是鱼眼光学成像系统前镜组比反远距光学成像系统前镜组的$1/\gamma_1$大得多。为了获得非常大的$1/\gamma_1$，鱼眼光学成像系统的前镜组结构通过采用一个或两个近乎半球的单负透镜和$1/\gamma_1$较大的正负光焦度分离的透镜组共同实现，在前镜组$1/\gamma_1$足够大的情况下，与反远距光学成像系统类似，并配合适当的后镜组，实现系统的像差校正和平衡。

（5）反射式和折反射式光学成像结构

当光学成像系统的焦距很长时，折射式光学成像系统的长度会很长，透镜的口径会很大，而长焦距、大口径折射式光学成像系统所用的光学玻璃制备比较困难，造价昂贵。在这类情况下，长焦距、大口径光学成像系统选择采用反射式或折反射式结构形式，通过光路折叠，会极大缩短系统结构长度，反射镜即使采用玻璃，制作反射镜的玻璃也比制作透镜玻璃的要求低很多，从而降低制作成本。而且反射镜对各个波长的光线，包括非可见的紫外波段和红外波段，不会产生色差和二级光谱，且不受玻璃吸收造成透过率降低的影响，因此，反射式光学成像结构在长焦距、大口径系统中极具优势。

牛顿创造的反射式光学成像系统如图 5-11 所示，被称为牛顿式结构。牛顿式反射镜最初采用球面镜，球面镜不能校正球差，相对孔径较小，后来采用抛物面镜代替球面镜，提高了系统口径，但由于没有校正场曲，系统视场角不大。

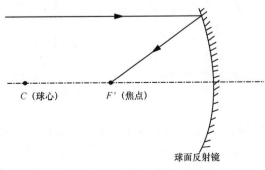

图 5-11　牛顿式结构示意

Schmidt 通过在球面反射镜的球心处垂直光轴放置非球面校正板，使球面反射镜的球差完全校正，从而提高了牛顿式结构的相对孔径，这类结构被称为 Schmidt 系统结构。但这类结构像面是弯曲的，如果接收面是平面，则视场角很难做大。Maksutov 发明了 Maksutov 系统结构，如图 5-12 所示，它用弯月形厚透镜代替 Schmidt 校正板，避免了非球面补偿镜的使用。

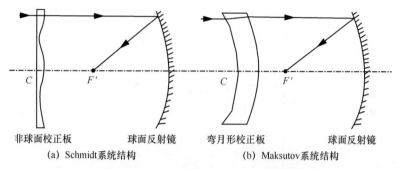

(a) Schmidt 系统结构　　　　(b) Maksutov 系统结构

图 5-12　Schmidt 系统结构和 Maksutov 系统结构示意

若定义弯月形厚透镜为无光焦度透镜，则弯月形厚透镜满足如下关系式。

$$r_1 - r_2 = \frac{n^2 - 1}{n^2} d \tag{5-37}$$

其中，r_1、r_2 分别为弯月形厚透镜前、后表面的曲率半径，n 为弯月形厚透镜的折射率，d 为弯月形厚透镜的中心厚度。弯月形厚透镜为无光焦度透镜，故产生的色差为零，可以用来校正球面反射镜的球差，避免使用加工困难的非球面反射镜。

以上是基于牛顿式结构的折反射式光学成像结构的发展，Cassegrain 设计的基于两片反射镜的反射式望远镜，被称为 Cassegrain 系统结构，如图 5-13 所示，主反射镜为抛物面，次反射镜为凸的双曲面，成倒立像。Cassegrain 系统紧凑，是长焦距、大口径光学系统常采用的结构形式。

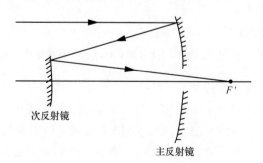

图 5-13　Cassegrain 系统结构示意

在折反射式 Cassegrain 系统结构中，为避免使用非球面，主反射镜的抛物面和次反射镜的双曲面均用球面镜代替，为校正球面反射镜所引入的球差，在系统结构前面增加一组无光焦度的双透镜，即正透镜光焦度与负透镜光焦度数值相等而符号相反。当正、负透镜采用相同玻璃时，不产生色差，并通过对双透镜参数改变来实现球差、彗差、像散的校正，结构形式如图 5-14 所示。由于这类结构没有校正场曲，只有轴上点附近成像清晰，所以视场很小。

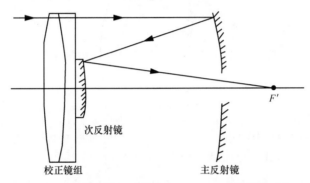

图 5-14　前面加校正透镜的 Cassegrain 系统结构示意

为了校正图 5-14 所示结构的场曲，在次反射镜的后面引入一组正、负分离透镜，正、负分离透镜可有效校正场曲，并通过前后透镜组相互之间的参数优化实现整个系统的球差、彗差、像散的校正和平衡，得到长焦距、大视场角的光学成像系统结构，如图 5-15 所示，这类结构视场角可达 3°以上。

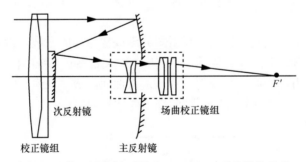

图 5-15　校正场曲折/反射式 Cassegrain 系统结构示意

（6）远心光学成像结构

当光学成像系统对非平面物体（即立体景物）进行成像时，需要将立体景物投影到光学成像系统像平面上，此时入瞳中心就是投影像的投影中心。因此，投影中心变化时，立体景物的像也会随之变化，称投影中心前后移动产生的立体视差为"景像畸变"，也称之为"体视畸变"。当光学成像系统用于精密测量时，为了消除测量误差，除了需要消除光学成像系统的固有畸变外，还要消除因立体视差引起的景像畸变。为此，需要将光学系统的孔径光阑放置在像方焦点处，使物方的入射光瞳位于无限远，轴外光束的主光线与光轴平行，这种入射光瞳位于无限远的光学成像系统称为远心光学成像结构。有些情况下，如果需要物方和像方均为远心光路，那么需要前组透镜的后焦点与后组透镜的前焦点相重合，并把这个焦点重合的位置作为孔径光阑位置，如图 5-16 所示。

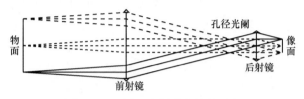

图 5-16　双远心光学成像结构示意

（7）变焦距光学成像系统结构

变焦距光学成像系统结构，是通过焦距连续变化使画面上景物的成像倍率连续变化，而像面位置始终保持稳定。一般情况下，在焦距连续变化时相对孔径是不变的，但在一些高变倍比的变焦距光学成像系统中，由于小型化、像差校正等具体要求，有时可以适当降低长焦距的相对口径。

根据牛顿公式，光学成像系统的放大率 β 与焦距 f' 有如下关系。

$$\beta = \frac{f'}{x} \tag{5-38}$$

其中，f' 为光学成像系统的后焦距，x 为光学成像系统前焦点到物面的距离，则放大率的变化可表示为

$$\mathrm{d}\beta/\beta = \mathrm{d}f'/f' - \mathrm{d}x/x \tag{5-39}$$

从上式可知，如果光学成像系统的焦距不变，要想得到不同倍率的像，必须改变目标到前焦点的距离 x，而在目标作用距离不变时，要想获得光学成像系统放大率的连续变化，就需要系统焦距连续变化。光学成像系统的焦距是由组成该系统的光学透镜及其间隔所决定的，然而光学透镜焦距是不能连续变化的，这样，要获得光学成像系统焦距的连续变化，取决于各光学透镜间隔的连续变化，即各光学透镜的移动。

根据像面补偿方式的不同，变焦距物镜大体上可以分为光学补偿和机械补偿两种。光学补偿通过两组或三组透镜作相关的线性移动实现变倍，像面不能完全补偿，只有 4 个或 6 个补偿点，避免了凸轮的使用，但结构尺寸较大，且只能作低变倍比、小相对孔径的变焦距物镜。机械补偿通过一组光学透镜作变

倍组,另一组光学透镜作补偿组,补偿组的移动实现像面的完全补偿。变倍组和补偿组的移动是非相关的,用凸轮可实现两组元的非相关移动。随着凸轮加工精度的提高,机械补偿变焦距光学成像结构得到了很大发展,光学补偿逐渐被机械补偿所代替。机械补偿变焦距光学成像结构分为两组式、三组式、四组式甚至五组式等结构,下面简单介绍各种结构形式。

　　图 5-17 为两组式变焦距光学成像结构示意,前组元 A 为负光焦度,后组元 B 为正光焦度,其中 B 为变倍组,作线性移动实现变倍,A 为补偿组,作非线性移动补偿像面。这种结构形式适合用在低变倍比的变焦距光学成像系统中,其相对孔径和视场角可以做得较大。

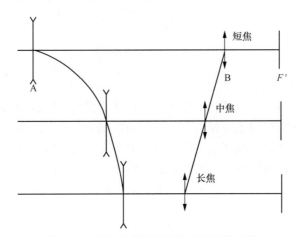

图 5-17　两组式变焦距光学成像结构示意

　　三组式变焦距光学成像结构比两组式多出的一个组元,通常情况下作为固定组,这个固定组可以放在系统的前面、中间或者后面,放在系统后面的结构形式与两组式大致相同,即补偿组-变倍组-固定组结构形式。若放置在前面,固定组为变倍组和补偿组提供一个统一的物面,在物面到像面共轭距离不变的条件下,可以求解不同倍率下变倍组和补偿组的移动量,这种固定组-变倍组-补偿组结构形式比较简单,适合用在相对孔径和视场角均不太大的变焦距显微光学成像系统中,变倍比在 5 倍以内。若固定组放置在中间,组成变倍组-固定组-补偿组结构形式,这种结构形式适合用在变焦距照相光学成像系统中,变倍比在 5 倍左右,相对孔径、视场角比较适中,结构可以做得比较短。

　　四组式变焦距光学成像结构是当今流行的典型结构,其结构由两部分组成:变倍补偿系统,满足焦距连续变化又补偿像面的部分;后固定系统,确定特定焦距范围。变倍补偿系统是变焦距光学成像系统的主体,通常采用非聚焦系统(Afocal System),这个非聚焦系统包括前固定组(因可用于调焦,也被称调焦组）、变倍组、补偿组和后固定组 4 个组元。变倍组通常具有负光焦度，而补偿组则正光焦度和负光焦度两种都有，分别称为正组补偿和负组补偿，相应的后固定组为正光焦度。变倍补偿系统中的后固定组往往与后固定系统统一考虑，形成变焦距光学成像系统统一的后固定组。正组补偿的选段方式，以变倍组和补偿组同时处于放大倍率为–1 位置为起算点往上选段，多数情况下还需超过放大倍率为–1 位置往下选段，这就是换根解的选段方式；负组补偿的选段方式，通常采用物像交换原则，有时也采用非物像交换原则往下选段，图 5-18 为正组补偿与负组补偿的光学成像系统结构示意，图中 A 为前固定组（调焦组），B 为变倍组，C 为补偿组，D 为后固定组。

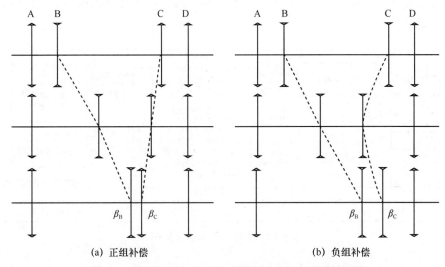

(a) 正组补偿　　　　　　　　　　　　　　(b) 负组补偿

图 5-18　正组补偿与负组补偿的光学成像系统结构示意

在变倍补偿系统中，无论是正组补偿还是负组补偿，前固定组为变倍组提供一个统一的物点，在变倍过程中，变倍组的移动实现倍率的连续变化，而补偿组随之作相应的移动，始终给出一个稳定的像点，后固定组把像点成像于无限远处，构成一个非聚焦的变倍补偿系统，从而实现变焦系统的优化设计。

5.1.1.5　光学载荷电子学系统设计

决定光学载荷性能的另一个重要因素是光学载荷系统的电子学系统，电子学系统是以成像探测器为核心，完成载荷数据采集、处理、存储及传输的系统，微纳卫星往往系统结构及资源相对紧凑，因此，在设计电子学系统过程中，需要秉承小型化、低功耗、功能完善的目标进行系统设计，通过嵌入式系统，完成图像采集、高速并行图像压缩、大容量数据缓存等功能，在设计系统的过程中，应进一步考虑如下特点。

可靠性：在全面满足技术指标要求的前提下，确保产品的可靠性、安全性设计。

继承性：采用已通过验证的标准部件、标准单元电路和通用件，以保证电路的成熟度。

模块化：将系统的要求按功能分配给相应的模块，达到模块级硬/软件的独立设计。

扩展性原则：对技术指标或要求设计时留有余量，能实现以最小的修改来完成任务需求的增加。

以面阵探测器为例，微纳卫星系统小型化相机系统电子学系统可采用如图 5-19 所示框图设计方案。系统组包括成像探测器、成像信号处理模块、电源调理模块及与外部接口模块，能够满足星上高速数据缓存、图像数据压缩、图像数据实时处理等功能需求。

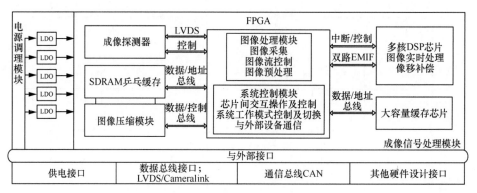

图 5-19　成像电子学系统框图

目前，微纳卫星系统在进行载荷电子学系统设计时，选用现有工业级或商业级相机，通过一些空间适应性加固手段搭载卫星发射，在对成像任务要求不严苛的情况下，该方案能够有效降低卫星研制成本、缩短研制周期，成为目前教学用途、商业演示用途等光学遥感类卫星普遍采用的方案，空间适应性加固的方案可通过如下手段进行。例如，对部件进行空间适应性分析，确定加固方案，重点分析部件的热设计和力学设计情况；根据加固方案对部件进行加固改造，如更换元器件、原材料、设计散热措施，进行三防、固封等；对部件进行筛选，剔除早期失效，验证改造加固的可靠性；对部件进行鉴定摸底试验，验证加固可行性等。

5.1.2　辅助测量设备介绍

光学遥感卫星除了主载荷以外，会携带其他辅助测量设备，用来帮助完成对主载荷数据偏差的校正。辅助测量设备有时也被称为小载荷，体积、质量、功耗等资源更受限制，但小载荷的数据，往往对后期进行主载荷图像处理时，起到事半功倍的作用。

5.1.2.1　大气校正仪

光学遥感卫星一直面临的一个很大的问题，就是光学系统在进行能量收集的过程中，光信息由于受到大气的影响，得到的图像信息产生对比度降低、锐度降低等问题，进而使图像变得非常模糊，特别是在进行载荷系统设计的过程时，会通过带入预估的来自大气的 MTF 值指导系统设计。在某些条件和场合下，真实的大气往往与预估有很大差别，进而导致系统 MTF 值下降，无法满足光学系统性能要求。其中的大气影响，来自大气汇总的颗粒、粉尘、吸收气体、气溶胶等，这些物质在光信号传播的过程中，具有散射、吸收等作用，进而降低或改变了原本的光场信息。针对该问题，一个有效的办法就是获得在成像过程中大气的影响，进而，通过图像处理技术恢复或进行图像校正[104]。

大气数据获取的办法通常情况下可以分为两种：一种是基于理论推算反演获得的大气数据，再通过这个大气数据计算结果进行图像校正；另一种是在卫星载荷中，同步搭载大气校正仪，通过获得图像采集时真实的大气数据，来实现图像的校正。往往根据采集的时间、地点不同，大气数据呈现出的大气状态有很大差别，因此，在资源条件能够满足的情况下，同步搭载大气校正仪，更易于对真实图像数据的恢复。

大气校正仪根据成像原理的不同，可以分为光谱探测和偏振探测两种，都是用来获得当前大气中关于不同大气成分的数据，如针对大气中的颗粒物、气溶胶数据进行探测等。

一种是根据光谱探测原理的大气校正仪，其实就是一台小型的光谱仪。例如，EO-1 卫星上搭载的 LEISA 大气校正仪，是一个典型的高光谱成像仪，其波长探测范围为 0.93～1.58 μm，连续测量的通道数为 256 个，空间分辨率为 250 m，探测幅宽为 185 km，同时，设置了一个单独的 1.38 μm 波段的云探测波段，系统为了具有更普遍的适用性，还采用了楔形滤光片小型化设计。

另一种是采用多光谱、多角度、偏振成像探测为手段的大气校正仪。在我国的多个资源卫星中，搭载由中国科学院安徽光学精密机械研究所设计研发的基于偏振原理的大气校正仪，能够实现对气溶胶和水汽的精确反演。

但是，目前的大气校正仪多应用于大卫星，相比之下，微纳卫星的体积、质量和功率资源，很难满足现有大气校正仪的需求。如何进一步降低大气校正仪的体积，或通过更新的人工智能算法，实现对大气数据的学习，进而进行图像的校正，成为未来在微纳卫星中应用大气校正技术的主要方向。

5.1.2.2　微振动测量传感器

微振动问题是研制高分卫星不可跨越的关键技术问题，特别是当成像分辨率提升至亚米级甚至更高后，微振动效应既会使卫星发生整体姿态晃动，也会激发星体及空间相机成像元件的结构振动，从而对具有高指向精度、高姿态稳定度的有效载荷产生严重影响。特别针对高分辨率光学遥感相机载荷，在曝光时间内，由于微振动存在，目标景物原本成像位置发生偏移，进而严重降低了高分侦查相机的成像质量及成像分辨率。因此，近年来，卫星微振动及其控制问题越来越受到关注[105]。

微振动测量需要针对不同被测对象的性质，来选择合适的测试方法。通常情况下，微振动测量主要是分布在振源处、振动传递路径中及敏感载荷处。振源处的微振动测量，是为了了解振源的振动量级及振动频率特性；振动传递路径中的微振动测量，是为了了解振动传输机理；敏感载荷处的微振动测量，是为了测定载荷受影响的程度。

通常情况下，微振动测量均是通过加速度计来完成的，故在振源、传播路径及载荷位置，布置的均为加速度计。但当载荷为高分辨率光学载荷时，载荷更易受到角振动的影响，所以在光学载荷上，通常还要加布角位移传感器，来精确测得由微振动影响的光轴的抖动量。

1. 微振动的概念

微振动是指卫星在运行期间，由于星上高速转动部件和大型部件驱动机构的工作，卫星局部或整体的微幅、宽频不造成结构破坏，但影响有效载荷性能的一种特殊振动现象。

微振动的主要特点是幅值小、频带宽、难控制，微振动的扰动频率范围可以从零赫兹到上千赫兹，振动能量大且不易衰减，且由于振幅小，在机械机构中的传播机理复杂[105]。

2. 微振动的来源

卫星平台内部的振动来源主要包括卫星推进器点火、进入轨道后打开太阳能电池帆板的动作、卫星在轨运行时的姿态调整与指向控制，以及其他驱动系统，如星载相机的调焦机构、滤光轮等运动机构。同时，卫星在轨运行时的空间微重力环境，使卫星处于无约束状态，很小的外力或卫星部件之间的相互作用力都会引起遥感相机中光学系统的光学元件发生微振动，而且振动衰减很慢，可能引起长期振动，影响光学系统的稳定性。所以，即使相机静态分辨较高，在恶劣的振动环境中使用，也不能完全体现出其本来具有的高分辨率。微振动对空间相机性能指标的影响既与微振动幅值和频谱分布有关，也与载荷的结构形式、材料和探测器曝光积分时间有关。

3．微振动的测量

微振动常用的测量手段是通过加速度传感器完成线振动测量，通过角位移传感器完成角振动测量，目前微振动中，线振动测量的测量范围通常为±0.5 g，频率响应范围为 1～500 Hz，测量精度为 0.01 mg，星上通过加速度计进行微振动测量的传感器，已经非常成熟，故不详述。

用于星上微振动测量的传感器包括光纤陀螺、激光陀螺及磁流体陀螺。磁流体陀螺体积相对较小，精度较高。日本及美国卫星上使用的是 ATA 公司的 RS-12B，高精度可以明显提升高分辨率遥感卫星的成像质量。

（1）光纤陀螺

光纤陀螺是 LITEF 公司的核心技术，最高精度已达 0.000 01°/h。LITEF 公司已成为国际上机载、潜艇和陆地用光纤陀螺的顶级供应商，其主要产品包括惯性传感器、惯性参考、导航系统以及计算机系统等。LITEF 光纤陀螺参数如表 5-1 和表 5-2 所示。

表 5-1　LITEF 光纤陀螺参数 1

陀螺	μFORS 光纤陀螺	C-FORS 光纤陀螺
应用领域	导弹、军用飞行器、陆上车辆	民用航行器、车辆、飞行器
零点偏移	≤1°/h @1σ 全温度 ≤0.5°/h @1σ 稳定温度	≤2°/h @1σ 全温度
随机游走/(°/$\sqrt{h}$)	≤0.1	≤0.15
标度因子	≤0.05% @1σ	≤1 000ppm@1σ
工作温度/℃	−45～75	−45～75
最大测量范围/(°/s)	±1 500	±1 000
启动时间/ms	120	120

表 5-2　LITEF 光纤陀螺参数 2

陀螺	μFORS-3U/-3UC	μFORS-6U/-6UC
性能参数		
测量范围/(°/s)	±1 000/±499	±1 000/±499
标度因子	≤0.2 % @1σ	≤0.2 % @1σ
零点偏移	≤3°/h @1σ 全温度 ≤3°/h @1σ 稳定温度	≤6°/h @1σ 全温度 ≤3°/h @1σ 稳定温度
随机游走/(°/$\sqrt{h}$)	≤0.08	≤0.15
启动时间/ms	≤120	≤120
Misalignment	最大值：1 275 mrad	最大值：1 275 mrad

（续表）

陀螺	μFORS-3U/-3UC	μFORS-6U/-6UC
电器特性		
电源电压/V	+5	+5
功耗	最大值：2.3 W；常值：1 W	最大值：2.3 W；常值：1W
连接器	双排 26 芯电连接器 间距：2.54 mm	双排 26 芯电连接器 间距：2.54 mm
输出信号	串行数据总线 同步：IBIS 异步：RS-422	串行数据总线 同步：IBIS 异步：RS-422
输出速率	异步 RS-422：5～1 000 Hz 同步 IBIS：5～8 000 Hz	异步 RS-422：5～1 000 Hz 同步 IBIS：5～8 000 Hz
物理特性		
尺寸/mm³	21×65×100	21×65×100
质量/g	≤150	≤150
环境条件		
操作温度/℃	−40～65	−40～65
震动 30 min/轴 （500 Hz～1 kHz）	最大：0.1 g^2/h	最大：0.1 g^2/h
振动	800 g, 0.5 ms	800 g, 0.5 ms

Fizoptika 公司是一家俄罗斯光纤陀螺生产厂商，该公司以其产品优质的性能，在 30 年内已经供应超过 14 万台设备。Fizoptika 光纤陀螺参数如表 5-3～表 5-5 所示。

表 5-3　Fizoptika 光纤陀螺参数 1

型号	VG 091B	VG 091A-2LN	VG 091B-2LN	VG 091-3D1
图片				
特点	—	具有寻北功能	比 VG 091B 噪声更小	更精良的三轴
大小/mm	Φ27.6×51.6	Φ24×50	Φ27.6×51.6	81×61×35
质量/g	30	30	30	280
测量范围/(°/s)	300	50	50	300
标度因子/(mV/°/s)	6.6	35	33	7
频率范围/Hz	0～1 000	0～1 000	0～1 000	—

（续表）

型号	VG 091B	VG 091A-2LN	VG 091B-2LN	VG 091-3D1
随机游走/(°/√h)	0.03	0.015	0.015	0.03
零偏稳定性/(°/√h)	4	2	2	4
标度因子非线性/ppm	1 000	300	300	1 000
启动时间/s	0.02	0.02	0.02	1
温度/℃	−40～+70	−40～+70	−40～+70	−40～+70
振动	150 g, 1 ms	150 g, 1 ms	150 g, 1 ms	350 g, 1 ms
冲击/g	5	5	5	5

表 5-4 Fizoptika 光纤陀螺参数 2

型号	VG 103D	VG 103LN	VG 103LND	VG 035PD
图片				
特点	数字的	最低噪声	数字的	—
大小	Φ60×24	Φ60×22	Φ60×24	Φ130×24
质量/g	60	60	60	240
测量范围/(°/s)	300	150	150	60
标度因子/(mV/°/s)	6	12	12	20
频率范围/Hz	—	0～1 000	—	0～450
随机游走/(°/√h)	0.03	0.01	0.01	0.01
零偏稳定性/(°/h)	3	2	1	1
标度因子非线性/ppm	1 000	300	300	1 000
启动时间/s	1	0.02	1	0.1
温度/℃	−40～+70	−40～+70	−40～+70	−40～+70
振动	150 g, 1 ms	350 g, 1 ms	150 g, 1 ms	90 g, 1 ms
冲击/g	5	5	5	5

表 5-5 Fizoptika 光纤陀螺参数 3

型号	VG 095M	VG 071PT	VG 991D1	VG 1099USB LN
图片				
特点	直升飞机款	温度从−55℃开始	数字，零偏小	直升飞机款

（续表）

型号	VG 095M	VG 071PT	VG 991D1	VG 1099USB LN
大小	25×35×60	60×35×27	Φ106×20	Φ80×20
质量/g	80	40	330	80
测量范围/(°/s)	300	350	100	120
标度因子/(mV/°/s)	10	4.2	16	16
频率范围/Hz	0～450	0～1 000	—	—
随机游走/(°/$\sqrt{h}$)	0.05	0.03	0.03	0.01
零偏稳定性/(°/h)	3	4	1	1
标度因子非线性/ppm	1 000	1 000	1 000	300
启动时间/s	0.1	0.02	1	1
温度/℃	−40～+70	−55～+70	−40～+70	−30～+70
振动	150 g, 1 ms	150 g, 1 ms	350 g, 1 ms	20 g, 5 ms
冲击/g	5	5	5	5

（2）激光陀螺

Honeywell 公司的激光陀螺 GG1320AN 是单轴数字陀螺，其产品的性能指标如表 5-6 所示。

表 5-6　Honeywell 公司激光陀螺 GG1320AN 参数

型号	GG1320AN
大小	高 4.5 cm；直径 8.8 cm
质量/g	454
启动时间	1 s（典型值） 4 s（最大值）
零偏稳定性/(°/h)	0.003 5（典型值）
随机游走/(°/$\sqrt{h}$)	0.003 5
标量因子	1 164 352 +−18 pulses/rev
标量因子非线性/ppm	5（满量程）
磁性环境/(°/h/gauss)	0.002
高度要求/m	−600～+21 336
冲击	22 g，半个正弦；11 ms

Teradyne 公司是自动测试设备生产厂商，它提供的惯导系统具有非常优异的微振动测试性能，其具体参数指标如表 5-7 所示。

表 5-7 Teradyne 公司 MINIPOS3 产品参数

型号	MINIPOS3	
图片		
特点	含有导航的功能	
分型号	T16 IMU	T24 IMU
大小	177×268 mm （182×182 mm 方形座）	233×310 mm （233×233 mm 方形座）
质量/kg	9.8	21
测量范围/(°/s)	±360	±360

（3）磁流体陀螺仪

随着 MEMS 技术的不断发展，磁流体陀螺仪以其更优质的性能，得到更多的关注和认可，它是一种新型角速度测量设备。磁流体陀螺仪具有体积小、质量轻、可靠性高、寿命长等特点。磁流体陀螺仪的环形结构设计，极大降低了对振动加速度和交轴角速度的敏感，能够稳定地工作在任何恶劣的条件下，因此，在航天级的微振动测量中，能够发挥重要作用。

ATA 公司是一家精密测量传感器的生产厂商，该公司提供了性能优良的磁流体陀螺仪，并已在美国、日本等卫星中，发挥了优异的性能和作用，该公司生产的磁流体陀螺仪参数指标如表 5-8 和表 5-9 所示。

表 5-8 ATA 公司磁流体陀螺仪产品参数表 1

型号	ARS-06	ARS-14	ARS-15
图片			
特点	—	最灵敏的	介于 06 和 14 之间的
大小		26×26×53	19×19×30
质量/g	35	200	60
测量范围(°/s)	±11 500	±28	±573
标度因子/(mV/°/s)	0.87	0.349	0.017 349
频率范围	0.38～1 000	2～1 000	4～大于 1 000
线性加速度灵敏度/(°/s/g)	<0.3	<0.000 057	57×10⁻⁶

（续表）

型号	ARS-06	ARS-14	ARS-15
电压的功率谱密度/(V²/Hz)	1.1×10^{-10}	—	—
噪声等效角速率/(°/s)	—	0.000 286 5	0.001 425
噪声等效角度	4.6×10^{-3}°	$0.286\,5\times10^{-5}$°	57×10^{-6}°
非线性/ppm	1 000	2 500	2 500

表 5-9 ATA 公司磁流体陀螺仪产品参数表 2

型号	ARS-12A			ARS-12B		
图片						
特点	三个角速率的测量， 三个模式的角位移测量			—		
角速率测量范围/(°/s)	±57	5.7	0.57	±57	5.7	0.57
角速率标度因子/(V/rad/s)	10	100	1 000	10	100	1 000
角位移测量范围/(°)	±0.57	±0.057	±0.005 7	—	—	—
角位移标度因子/(V/rad)	1 000	10 000	100 000	—	—	—
频率范围/Hz	1~1 000			1~1 000		
线性加速度灵敏度/(°/s/g)	<0.286			<0.286		
噪声等效角速率/(°/s)	$<0.573\times10^{-5}$（1~1 000 Hz） $<0.286\times10^{-5}$（2~1 000 Hz）			—		
噪声等效角度/(°/s)	0.458			0.458		
非线性/ppm	1 000			1 000		

4. 微振动下的补偿技术

为了消除微振动带来的扰动，在高精度测量微振动的前提下，微振动补偿技术被提出。微振动的补偿技术，需要针对不同的扰动因素，来制定各种图像的补偿方案，大体分为光学补偿方法、机械补偿方法和电子学补偿方法，可以通过综合比较和评价三种方法的优缺点，并结合星载相机微振动下图像的特点，选择合适的方法作为补偿的手段。

（1）光学补偿方法

光学补偿方法是指通过具备局部或整体运动能力的主动光学器件完成对入射光波前或视轴补偿、保持的方法。光学补偿方法的优势在于补偿误差的种类全面，对于波前起伏、视轴偏移都有相对成熟的探测方法和补偿手段。对于光学载荷微振动下的图像补偿，如果采用光学补偿方法，则需要实时性比较好的器件进行补偿，如快速偏转镜，将快速偏转镜加入星载相机成像光路的末段接近像面的位置，通过镜体的偏转稳定视轴。

通过光学补偿的方法进行补偿视轴的微振动，有两个主要步骤，首先是要有效地探测像移量的方向和幅度，其次是通过快速偏转镜向相反方向偏转，使光学载荷的光轴始终和探测器之间保持相对的稳定，从而抵消像移造成的图像模糊。光学稳像的另一种典型方法是利用光楔来控制瞄准线的方向，通过移动或者转动光楔，改变出射光线的角度和方向，来进行像移的补偿，从而达到稳像的目的。这种方法的主要缺点是仅适用于振动较小的环境条件，且补偿结构和制造工艺复杂。

（2）机械补偿方法

机械补偿方法分为两类：被动式机械补偿与主动式机械补偿。被动式机械补偿针对被补偿对象的工作环境，在对振动的幅度、频率特点具有一定先验知识的情况下，设计减振系统，采用挠性结构吸收一部分振动能量。实际上，减振系统起到了低通滤波器的作用，有效地过滤高频振动，从而减轻振动对设备造成的影响。主动式机械补偿是指通过陀螺（或其他种类的传感器）、伺服控制系统、运动机构等组成的稳定平台，实现视轴稳定、补偿平台振动。

（3）电子学补偿方法

光学补偿方法和机械补偿方法都是从物理机制上对成像系统受到的扰动因素进行补偿，而电子学补偿方法则通过对成像系统采集到的图像进行处理，完成对图像的补偿。按照电子学补偿方法的实现形式，可以分为实时稳定补偿和后处理补偿两种方法。

实时稳定补偿即电子稳像，通过一些数字图像处理技术检测出当前帧与前一帧图像之间的相对位移，根据两者之间的相对位移量，降低连续拍摄视频帧间的不稳定现象，使视频的帧序列相对稳定，获得较好的可视效果。

后处理补偿是一种基于数字图像处理实现补偿的方法，其原理是基于对外界扰动因素的先验知识，建立成像过程的退化模型，通过图像增强、图像复原等手段，实现对图像质量的补偿。

针对星载相机微振动下图像补偿这一特殊应用背景，可以从补偿效果，补偿系统的体积、质量、功耗，补偿系统的实现成本等方面出发，选择合适的补偿方案。

5.1.3　卫星遥感产品

光学遥感卫星作为载体，在空中拍摄遥感图像，图像及图像中的有用信息服务于生产生活，图像和图像中的有用信息都可以被称为卫星遥感产品。我国国家国防科技工业局、美国国家航空航天局都出台了相关政策，阐述说明了卫星遥感产品的分级，并对卫星遥感产品的管理和使用进行了约束。

我国将高分数据分为由卫星地面站接收的原始数据和经过加工处理形成的各级产品。其中，0 级产品为原始数据；1～2 级产品为初级产品；3 级及以上产品为高级产品[106]。

0 级：传感器收集到的原始数据。0 级数据并不是十分有用，除非兴趣点或研究内容是传感器本身。

1A 级：均衡化辐射校正的数据产品。通过不同检测器的均衡功能对影响传感器的变化进行校正，包括将 DN 值转换为辐射亮度值的绝对校正系数。

1B 级：主要用于对一些传感器的几何畸变进行校正的数据。对没有几何畸变的传感器来说，该数据是不需要的。同时，需要注意的是，1B 级数据不可恢复为 0 级数据。

2A 级：经过系统几何校正的数据。该级别数据名义上具有地理参考，但其精度并不高。

2B 级：为了提高影像的空间位置精度，需要考虑到用户输入信息，借助具有准确位置信息的地面控制点来对影像进行位置校准，经过该处理的影像是具有原始空间分辨率且空间位置准确的数据产品（局部地形起伏较大的区域除外）。

3 级：经正射校正的数据产品。对于具有大量地势起伏（如多山区域）的地区，要想获取更准确的空间位置，需要进一步校正来消除由于地形起伏、传感器倾斜等导致的几何误差。对同一传感器来说，其 3 级数据是同一尺度的，适用于大范围的栅格尺度，如镶嵌。

值得注意的是，由于不同的系统具有不同的侧重点，被赋予不同的任务，因而具有不同的数据产品级别。我国资源卫星应用中心公布的卫星标准数据产品级别如下。

1A 级（预处理级辐射校正影像产品）：经数据解析、均一化辐射校正、去噪、MTFC、CCD 拼接、波段配准等处理的影像数据。其提供卫星直传姿轨数据生产的 RPC 文件。

1C 级（高精度预处理级辐射校正影像产品）：经数据解析、均一化辐射校正、去噪、MTFC、CCD 拼接、波段配准等处理的影像数据。其提供整轨精化的姿轨数据生产的 RPC 文件。

2 级（系统级几何校正影像产品）：经相对辐射校正、系统级几何校正后的影像产品。

2A 级（预处理级几何校正影像产品）：1A 级数据经几何校正、地图投影生成的影像产品。

2C 级（高精度预处理级几何校正影像产品）：1C 级数据经几何校正、地图投影生成的影像产品。

美国国家航空航天局对地球观测数据与信息系统的数据产品分为 0 到 4 级，其中，0 级产品是具有完整仪器分辨率的原始数据。在更高级别上，数据将转换为更有用的参数和格式。所有地球观测系统设备必须具有 1 级产品，大多数产品的级别为 2 和 3，另外一些产品的级别为 4[107]。

0 级：以完整分辨率重建的未经处理的载荷数据，删除了所有与通信协议相关的信息（如同步帧、通信头、重复数据）。

1A 级：经过重构的、未处理的全分辨率载荷数据，并附有时间参考、附加辐射信息、几何校正信息以及地理参考参数等。

1B 级：已处理至传感器单元的 1A 级数据。

2 级：推导得到的物理参量，与 1 级源数据具有相同的空间分辨率和位置。

3 级：在统一的时空网格尺度上映射的数据产品，通常具有一定的完整性和一致性。

4 级：系统模型输出或低分辨率分析后的数据。

5.2　超分辨率图像复原技术在卫星中的应用

光学遥感微纳卫星载荷有一个很大的受限因素，就是载荷的分辨率很难提高，受限条件通常包括载荷本身的成本预算、卫星系统所能够提供的资源等，而作为光学遥感载荷，如何能够得到清晰的成像，又是其最重要的应用，因此，采用何种手段来提高卫星的分辨率，显得尤为重要。超分辨率图像复原技术恰好提供了一个较为"经济"的解决思路。

传统光学遥感卫星提高图像分辨率的方法是通过提高载荷系统的硬件条件来实现的，如影响图像分辨的直接原因包括载荷的焦距、成像探测器的像元尺寸等，因此，增加焦距是最直接的提高图像分辨率的手段。但是，增加光学系统焦距带来的直接影响是卫星系统尺寸、质量增加，这正是卫星系统的重要资源，特别是微纳卫星在低轨道的情况下，想实现米级或米级以下的分辨率，焦距就需要设计为米级，这对微纳卫星体积及质量都有严重的影响。因此，采用传统方法，通过微纳卫星实现米级以下甚至更高的地面分辨率，几乎是不可能实现的事情。

超分辨率图像复原技术采用数学计算的方法，通过成像过程中的成像退化模型，来恢复低分辨率图像中丢失的频率信息，进而实现图像分辨率的提高。超分辨率图像复原技术提供了提高地面分辨率及成像质量的解决思路，随着技术的发展，现有的超分辨率图像复原技术被分为基于重建的复原方法和基于学习的复原方法。

　　超分辨率图像复原是希望利用在不同图像中非冗余的信息[22]，来增加频域信息，进而重建高质量的图像。卫星中实现的方法是建立一种特定的图像采集模型系统，该系统会对同一目标进行多次欠采样成像，且成像的图像之间是具有亚像素偏移的。这种方法直接建立了成像退化模型，在图像重建的过程中，利用该模型进行图像重建，实现了在一定载荷技术指标的前提下，进一步提高了地面分辨率及图像质量的初衷。基于重建的复原方法在实际操作的过程中，需要采集同一个场景的多幅图像，图像之间具有亚像素的空间位移，其操作的步骤可划分为两步：第一步是将多幅低分辨率的图像在空间上亚像素对齐，得到低分辨率图像之间的空间偏移量；第二步是重建，即采用不同的约束条件和最优化求解方法对高分辨率图像进行重建，其中，配准的效果、模糊参数的估计、先验知识的定义是决定系统性能的关键性因素[108]。

　　基于重建的超分辨率图像复原技术在卫星系统中已经得到初步应用和验证。最早实际应用上述超分辨率图像复原技术的是法国的 SPOT-5 卫星，该卫星实现了在 800 km 轨道条件下，卫星的地面分辨率由 5 m 提升至 2.5 m[109]；随后，美国的 SkySat 系列卫星采用超分辨率图像复原技术，实现了在 600 km 轨道条件下，卫星的地面分辨率由 1.1 m 提升至 0.87 m[110]；我国于 2016 年发射了第一颗具备超分辨率成像体制的光学遥感微纳卫星，实现了在 700 km 轨道条件下，卫星的地面分辨率由 2.8 m 提升至 1.4 m，并对相关技术进行了技术验证[111]。

　　基于学习的超分辨率图像复原技术，是基于人工智能技术中机器学习技术发展而来的。在基于学习的超分辨率图像复原中，不再人为建立成像退化模型，而是采用大量的高分辨率及低分辨率的遥感图像库，通过机器学习的方法，"学习"得到高分辨率与低分辨率图像之间的图像退化模型，通过该图像退化模型，指导低分辨率图像进行高分辨率图像重建。其中，低分辨率遥感图像库的建立，可以由高分辨率图像通过图像退化模型来模拟获得。最初对退化模型的学习，是从分析映射关系的角度出发的，主要包括基于示例的方法、基于稀疏表示的方法等。随着深度学习技术的发展，深度神经网络更适用于提取深层次的映射关系。因此，应用深度神经网络逐步成为基于学习的超分辨率图像复原技术中的主流选择，如多层感知器和卷积神经网络、反卷积神经网络、层次稀疏编码网络、深度波尔兹曼机、深度置信网络、栈自编码器等神经网络，它们被应用于基于学习的超分辨率图像复原技术中[112-117]。基于学习的超分辨率图像复原方法较重建的方法，其硬件系统更为简单，但学习的过程非常复杂，在学习的过程中，计算量是非常巨大的。目前，基于学习的方法还没有得到实际的应用和验证，在神经网络结构设计、先验信息的引入、网络模型训练策略、系统优化、降低计算量等方向，都需要进行更深入的研究和开拓。相信，随着学习算法的提高，基于学习的超分辨率图像复原技术能够对智能光学遥感产生重要且深远的影响。

5.3 本章小结

本章从载荷系统的角度出发，重点介绍了光学遥感类载荷系统的详细设计方法，并给出了进一步提高载荷工作效能的常用光学遥感载荷辅助测量设备，最后介绍了载荷遥感产品。针对由于微纳卫星平台资源受限，光学遥感载荷地面分辨率难以提高的问题，本章分析了基于深度学习的超分辨率图像复原技术，该技术将是未来实现载荷小型化、平台低成本的重要发展方向，同样，基于深度学习的方法能够为未来卫星实现智能决策、分析、目标识别等应用，提供重要参考价值。

第6章

卫星总装、测试及试验

卫星总装、测试及试验是继卫星总体设计、分系统系统设计及研制之后的卫星系统研制的重要环节。这三个环节统称为卫星研制的 AIT（Assembly Integration and Test）环节。

卫星总装是指将卫星各部件、设备进行集成，装配为一个完成的卫星系统。卫星总装设计是卫星系统详细设计中的重要环节。卫星测试往往是多轮系统的卫星平台及载荷的电性能测试，通过测试设备对研制后的卫星设备、部件、系统的功能和性能进行验证，在每一轮测试的过程中所关注的要点各不相同。在传统卫星研制的过程中，为了提高系统的可靠性，在多轮测试中，交互了很多冗余的测试项目。随着技术状态的验证和固化，卫星测试的时间及项目逐步减少，因此，如何建立低冗余、高效、高可靠的卫星测试流程及项目，成为缩短卫星系统研制周期的重要发展方向之一。试验是指通过大型的试验设备及试验环境，来模拟卫星发射及在轨的真实状态，进而验证卫星系统的可靠程度。AIT环节是验证卫星系统研制结果与设计的符合程度、卫星系统是否能够完成卫星任务的重要环节，决定 AIT 环节的成败除了每个环节中的技术细节，还有卫星系统 AIT 环节中的流程设计。好的 AIT 流程是在保证系统可靠性的前提下，有效缩短卫星系统研制周期、降低卫星研制成本的关键环节。

卫星总装、测试及试验的过程并不完全独立，不是仅仅按照时间顺序进行总装、测试及试验，而是在总装和试验的过程中，伴随着多轮测试。卫星 AIT 环节的流程设计决定了卫星的研制周期。传统卫星因技术状态较新，AIT 环节会耗费大量时间。随着卫星技术状态逐渐成熟，相关技术完成了在轨验证，与此同时，自动化总装、测试手段不断更新，加速了 AIT 的研制进程[118]。

李丽琼等[119]详细总结了国内外小卫星 AIT 流程的演化过程。国外 AIT 流程经历了从传统繁杂到简化的过程，以满足快速发射的需求。图 6-1 为美国传统卫星 AIT 流程[119]，整个流程运转下来一般至少需要半年时间，很多情况下甚至需要若干年。

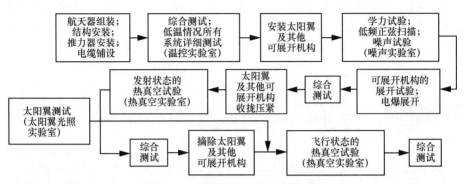

图 6-1　美国传统卫星 AIT 流程

　　美国按照此研制流程，成功研制了多个系列卫星，综合积累了很多关键技术和成功经验，逐步发展了适用于卫星星座批产式的快速 AIT 流程，如图 6-2 所示[119]，在 AIT 流程中，仍然包括总装、测试及试验的工作，测试是在总装和试验的过程中并行开展的。卫星首先进行总装及测试；然后进行测轴力学试验和整星质量测试试验；接着进行载荷的安装和测试；最后进行太阳翼展开及光照试验，并行完成卫星应用程序的装载和测试，以及卫星的热试验。快速 AIT 流程（如图 6-2 所示）相比传统 AIT 流程，精简了测试及试验项目，更适用于并行总装、测试和试验的实施，但快速 AIT 流程需要在前期技术积累的基础上进行实施。

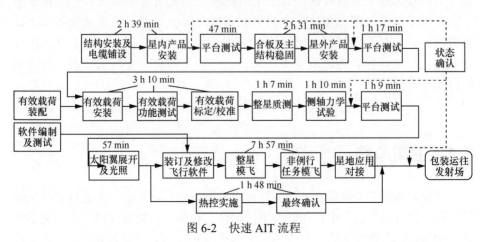

图 6-2　快速 AIT 流程

我国传统小卫星的 AIT 流程相对烦琐，时间周期约为半年或更长时间，其研制流程如图 6-3 所示[119]。卫星首先进行平台及载荷的总装，在总装的过程中，伴随平台和载荷的电性能测试以及整星的模飞；然后确认产品的功能和性能能够满足系统要求；接着开展质量特性、光照、力学等试验，同样在试验的过程中伴随卫星的电性能综合测试，经过测试确认无误的软件版本落焊；最后，进行最终的总装、热试验及最终的电性能测试，确认无误后卫星可以出厂。

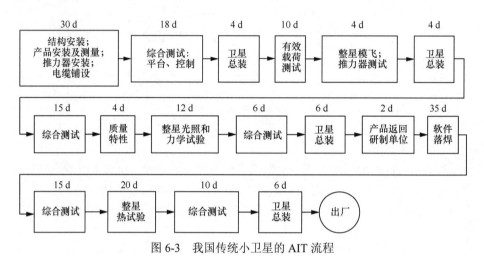

图 6-3 我国传统小卫星的 AIT 流程

随着技术积累和在轨成功经验，我国逐步形成了多种面向快速发射需求的 AIT 流程，包括批产式卫星 AIT 流程，即研制一颗技术验证星后，通过验证后的技术状态，进行批产式卫星的研制；或采用基于现货式产品体系的一颗正样卫星系统研制模式，在成熟状态的基础上，缩短卫星系统测试、试验的时间，并有效控制和降低风险。快速 AIT 流程的发展，得益于自动化程度的提高，如并行式的总装及测试流程、自动化的总装及测试设备、自动化的测试平台等。

6.1　卫星总装

卫星总装是将卫星部件、设备等集成装配在一起，形成一个完整卫星系统的过程。卫星总装过程中，伴随着卫星部件、设备，以及装配后形成卫星系统的多轮测试、检验等环节[120]。卫星总装按照时间进程，可以划分为卫星总装设计、卫星总装前准备、卫星总装集成以及卫星总装后测试。卫星总装环节虽然繁杂，但需要条理清晰、细致，通过严谨的技术规程、质量控制、落实检验等，保证卫星系统每一环节的正确性。

6.1.1 卫星总装设计

卫星总装是严格按照前期的卫星总装设计来进行实施的，在进行卫星总装设计之前，要先熟知卫星系统的设计，可以从如下相关的设计文档中了解卫星系统的技术状态。

① 卫星设计和建造规范：该文件给出了卫星在设计和建造过程中，所要遵循的一般要求，包括机械设计与接口要求、热控设计要求、电气接口要求、信息接口要求、磁设计要求等。

② 卫星总体布局图：通过图的形式，描述卫星内部结构、机构、部件、设备等在卫星系统中的位置关系。

③ 接口数据单：通常为每一台设备签订一份接口数据单，在接口数据单中，描述该设备的机械、电气、热、信息的接口。

④ 总装设计要求：描述了卫星根据任务及其特点的需求，进而产生的对卫星总装过程中关键技术及环节的要求。

⑤ 连接图和安装图：除了电缆网的连接图（有低频电缆网连接图、高频电缆网安装图、管路连接图），还包括传感器等的安装位置图、组件的装配图，如果是分舱的卫星，还包括舱段的结构图。

通过以上文件了解卫星系统后，可以进行卫星总装设计。卫星总装设计主要包括三方面的设计，分别是卫星总装方案的设计、卫星总装流程的设计以及卫星总装所需的地面支持系统设计。

1. 卫星总装方案的设计

卫星总装方案的设计内容包括 5 个方面，分别为卫星总图的设计、卫星各部件组件安装图的设计、总装技术条件和安装工艺设计、总装对结构和测试的技术要求、相关分析与计算。卫星总图和卫星各部件组件安装图为装配图样，侧重通过图示的方式，给出安装关系、连接方式等；总装技术条件和安装工艺设计为总装实施过程的操作说明书，给出详细步骤和注意事项；总装对结构和测试的技术要求是总装设计与其他设计、测试之间，相互约束和提出要求的文件；相关分析与计算是由总装设计产生的衍生品，进行相关的分析计算，以验证能够满足或不会违背系统要求。

（1）卫星总图的设计

卫星总图中描述了卫星结构尺寸、最大包络、各部分接口尺寸、热控包覆，含有管路设备的需要给出管线间的连接状态，分舱段的卫星需要给出舱段的标识、舱段间的连接和装配关系等。

（2）卫星各部件组件安装图的设计

安装图中包括仪器设备的安装图、电缆安装图、传感器安装图、管路安装图、接地安装图、热控安装图、活动部件安装图、火工品和防护件安装图等。

仪器设备的安装图是通过图样的形式，采用简图、局部图等方式，描述设备的安装关系及方式，特别需要指出的是仪器设备的安装方向、是否需要增加隔热、绝缘处理等。

电缆安装图包括低频的电缆安装图和高频的电缆安装图，电缆安装图需要考虑到线束弯折、干扰、安装等问题，对于同类线束可采取捆绑，不同线束可采取隔离，对于对电磁兼容有干扰的需采取屏蔽、包覆、捆扎等处理。

传感器通常包括温度传感器和力学传感器。温度传感器的安装位置多为设备上、结构上、热控包覆上，其他传感器，如力学传感器、压力传感器等，可按照采集位置的要求进行安装。传感器的安装方式，多采用胶粘的方式，即将传感器按照想要采集数据的位置进行胶粘。

接地安装图设计是安装图中重要的设计内容之一。接地安装图中包括卫星部件、设备等接地导通的阻值要求，部件设备的绝缘阻值要求，需要专门安装搭接线的设备和结构的位置、接地安装图及紧固件图示等。通常情况下，仪器和设备会带有接地桩，该类设备采取装接地线方式进行安装；无接地桩设备可通过安装面进行接地处理；对于没有隔热要求的设备，可采用加金属垫片的方式进行安装，与此同时，可采用铜箔、导电胶、辅助地线等措施，实现卫星接地设计。

（3）总装技术条件和安装工艺设计

总装技术条件和安装工艺设计包括三方面的内容，分别为总装技术要求、总装安装工艺、检测及测试工艺。该设计需包含卫星在操作过程中的全部规程、一般性要求、特殊要求等，需涵盖卫星总装执行所需的全部文件、图样的配套表。在进行安装工艺及检测设计的过程中，所设计的工艺流程应该保证卫星系统总装具有良好的可操作性，并尽可能缩短总装时间。

（4）总装对结构和测试的技术要求

卫星总装设计与卫星结构详细设计密不可分，因此，需要根据总装设计中出现的问题或设计要求，对结构设计提出要求，在结构设计过程中要考虑到总装实施的相关问题。同时，卫星总装设计后，需要对整星精度测量、密封检漏测试、质量特性测试及配平、接地阻值测量等，提出相关的测试要求。

（5）相关分析与计算

在总装设计的过程中，可能会涉及一些支架的设计及安装，针对这部分需要进行专门的支架强度计算与分析。

2. 卫星总装流程的设计

卫星总装流程一般包括总装的设计流程和总装的技术流程。总装的设计流程给出卫星总装设计的实施步骤及时间安排，总装的技术流程给出总装实施所安排的步骤流程及时间安排。

3. 卫星总装所需的地面支持系统设计

卫星总装所需的地面支持系统，是指在卫星总装过程中，所需要的用到的吊具、支架、包装箱、转运台等设备或结构的总称，总装地面支持系统需要具备良好的实用性、安全性和可靠性。卫星总装地面支持系统，也需要在进行总装设计的过程中，一并考虑，包括给出地面支持系统的图样设计、技术要求等，同时，卫星总装地面支持系统，需要在卫星总装前研制完成，以确保卫星按时应用地面支持系统进行卫星总装。

6.1.2　卫星总装前准备

卫星总装前，需要开展相关的总装准备工作：准备总装的工作环境，即选择总装合适的厂房；准备总装所需的工具、量具、设备和材料等；准备星上部组件产品，即总装集成的分散的产品、设备、直属件、产品的测试设备等；准备总装各环节所需要的全部文件。

（1）总装的工作环境

卫星总装应选择合适的厂房，并关注厂房所具有的相关技术条件，如照度、温度、相对湿度、洁净度、防静电、有机污染物、噪声、电磁波干扰、振动干扰等。用于存放卫星设备的库房，也需要对温度、湿度、洁净度进行控制，同时需要注意库房内不含酸、碱物质及各种有害气体。

所选择的厂房还应能提供总装所需的相关仪器设施：电力系统设备，包括交流电源、稳压电源、地线等；吊装设备，如能够进行快慢控制的吊车或能够用于翻转的吊车；通风设备，在有胶接操作的区域，应设置通风或排风装置。

（2）工具、量具、设备和材料

卫星进行总装所应用的工具、量具、设备和材料，需要保证是经过定期检验并且在允许使用时间范围内的，而且需要无破损、型号与所需型号一致。对于原材料、标准件和胶类产品，还需要经过复验，确认所准备的产品与相关技术标准和专用技术文件中的规定是一致的。

（3）星上部组件产品

总装前准备的一个重要环节，是准备装星所用的全部设备、结构机构、总装直属件、紧固件等。对于全部设备，需要进行产品验收环节，确认文件是否齐全：是否具备接口数据单、验收大纲或验收细则等；性能是否与要求相符，如机电热等接口是否与接口数据单一致，产品外观完整、安装面无损伤污染、接插件插针无歪斜变形、产品内部无多余物等。对于卫星总装直属件，需要检查强度、刚度是否满足系统要求。对于卫星紧固件，应保证型号正确，采用的工具正确，力矩掌握合适，对于锁紧螺母拆装次数一般控制在 10 次以内。

（4）总装所需文件

总装前应确认，总装设计的输入文件及总装设计文件已全部归档并经过评审或审签，可采用打印的方式，全部放置在便于总装过程中查阅但不影响卫星总装的相关区域。

6.1.3 卫星总装集成

卫星的总装环节即将全部分散的部组件、结构机构装配到一起的过程。按照先后顺序可包括试装配、管路安装、设备安装、电缆安装、接地和搭接、展开组件和活动部件安装、热控系统安装。其中，试装配可根据总装时间及技术程度来灵活安排，微纳卫星中通常没有管理，因此可以省略。

仪器设备的安装即通过事先设计好的机械接口，将设备安装至卫星结构。在安装的过程中，需要注意尽量不来回拆卸，不移动其他设备，尽量减少专用工具和专用工艺装备，对于具有安装精度要求的设备，需要在安装的过程中，采用相关的定位措施来保证安装精度。

电缆的安装是首先将电缆进行铺设，然后对电缆进行安装固定，再将电连接器插接，最后进行导通和绝缘的检查。电缆的铺设是按照低频和高频、设备布局、电缆安装图要求，将电缆整齐、有序地安置于卫星。铺设的过程中，电缆的走向一般沿着结构表面进行，对于同一方向的电缆需要捋顺铺设，在接插件处，电缆应该留有插拔的余量，电缆和设备之间应留有安全距离，同时，低频电缆的转弯半径不宜过小，应该按照安全的转弯半径进行铺设。铺设后的电缆需要进行安装固定，通常的方法是通过固定点来进行固定，对于低频电缆，固定点间距约为 300 mm；对于柔性高频电缆，固定点间距约为 250 mm；对于半刚性高频电缆，固定间距约为 400 mm，也可根据实际情况及绑扎特性，合理设置安装点，最终使电缆可靠固定。固定后，需要进行电连接器的插接，在插接的过程中，要严格注意插接的电连接器型号，是否插头和插座一致，插头内不得有多余物，插针不能有歪斜和变形，且需要将紧锁装置扣紧，无松动、脱落。电缆的安装是影响卫星电磁兼容性的重要环节之一，因此，需要时刻注意电缆对卫星电磁兼容性的影响，同时，应选择合理的分支走向，使电缆长度尽可能短且安装安全可靠。

卫星接地和搭接的实施是保证卫星形成一个等电位体，卫星对接地的要求一般为任意搭接点之间的接触电阻小于 10 mΩ。通常情况下，在金属结构上会设置接地桩；在非金属结构上，会粘贴导电铜箔，仪器设备上有专门的接地区域或接地点。每个接地点都采用接地线进行连接，星体外屏蔽电缆进入卫星内部时，在结构入口处，会采用搭接环搭接到星体上。

卫星还要进行展开组件和活动部件安装，以及热控实施。在卫星总装的过程中，需要严格按照事先设计的规程进行实施，并针对每一项操作进行检验验证，在总装的过程中配有质量跟踪卡，通过纸质文件确认操作的可追溯性。

6.1.4　卫星总装后测试

卫星总装后的测试分为两类，包括性能测试和接口检查。性能测试主要包括电性能测试检查、密封性测试、质量特性测试、安装精度测量、接地阻值测量等；接口检查包括活动部件接口检查、电缆电连接器对接面状态的检查、热控对接面的检查、运载对接面的检查等。其中，比较关键的测试项目包括精度测量、质量特性测试以及密封性测试。

精度测量通常通过两种方法来进行操作实施，分别为光学瞄准测量的方法和机械测量的方法。光学瞄准测量的方法采用经纬仪，通过无接触式的测量，利用软件进行并给出结论。总装测量通常采用该种方法。机械测量的方法采用三坐标测量仪、数控机床等，该方法是接触式测量，因此，通常在尺寸较小的情况下，采用机械测量的方法。在进行精度测量的过程中，还需要注意环境因素带来的精度误差影响，如失重、温度、压力、时效等。

卫星质量特性测试，是为了测量卫星的质量、质心、转动惯量等。卫星的质量采用吊钩秤即可。质心的测量方法通过三点测量法测量。转动惯量通过扭摆台测量得到。密封检漏一般是针对密封的舱体结构或管路系统进行测试的，微纳卫星在没有需求时，不进行密封检漏测试。

6.2　卫星测试

卫星测试是卫星系统研制过程中非常重要的一个环节，其主要目的包括：

① 检验制造后的卫星系统实物是否与卫星系统设计相一致；

② 检验卫星系统功能及性能是否达到设计要求；

③ 检验卫星系统是否能够满足卫星任务要求；

④ 检验卫星系统是否能够满足大系统接口要求等。

卫星测试不是一个简单的流程，而是随着卫星系统研制阶段的推进，会进行多阶段、全面、系统的卫星测试，每一个阶段的测试所关注的侧重点有所不同，通常情况下，称卫星测试为综合电性能系统测试[121-124]。

为了进一步提高微纳卫星的研制效率、缩短卫星的研制周期、降低测试成本，但同时不降低卫星系统的测试效能，需要合理设计卫星系统测试环节和测试项目，尽量去除冗余环节、合并卫星测试项目，即通过简单、高效的方式，全面检测并发现卫星系统中存在的问题。

按照测试规程，需要编写测试大纲。测试大纲的编写可按照以下步骤进行规划：首先明确卫星系统要进行测试的阶段，即在哪些环节要进行测试，如通常情况下，卫星部组件产品在经过验收后，要经过一轮测试，在装星后也需要进行一轮测试，在相关试验过程中或结束后，也需要进行相关的测试；然后，确定卫星每一轮测试的基本目标和侧重点，根据基本目标和侧重点，明确参试设备名录及参试设备的状态，并确定每一轮测试的测试项目、测试方法、要达到的测试目的、需要得到的测试结果等。测试大纲中还要明确测试实施的时间安排、测试实施要求、测试覆盖性要求、数据判读要求、测试安全性要求、测试质量管理要求等。根据测试大纲，针对细节，编制具体的测试细则，用于指导测试的实施，并对测试进行详细的数据、结果记录。

6.2.1 桌面联试阶段测试

桌面联试阶段测试的主要目的是全面检查分系统技术指标满足情况及功能符合情况；检查分系统间电性能接口的正确性和匹配性；对整星电缆网进行检查和连接；充分暴露卫星与地面测试系统的设计缺陷和工艺缺陷。

参加桌面联试的设备为全部的卫星平台及载荷的电子设备，设备状态均为经过单机产品验收并验收结论为合格。桌面联试阶段主要测试项目包括分系统功能及性能检查、专项数据流环路测试、姿控系统部组件级模飞测试、测控无线对接试验。其中，测控、数传、载荷等射频通道为有线条件下测试。

（1）分系统功能及性能检查

分系统功能及性能检查是为了验证测试交付后的单机和分系统的功能及性能指标是否满足技术要求。卫星系统将以串联的形式依次对卫星的分系统功能及性能进行测试。功能及性能检查需要按顺序将电子设备依次接入系统，接入的顺序可按照电源分系统、星载计算机或综合电子分系统、姿控分系统、测控分系统、载荷分系统来进行，蓄电池可最后接入系统。

测试项目包括接入前电缆匹配性检查，接入电流、电压、纹波测试，接入后阻抗测试，主要功能检查，单机遥测包检查，单机遥控指令控制执行情况检查。主备机设备测试需覆盖主备机及切机、带有 A/B 总线设备测试需覆盖双总线。

（2）专项数据流环路测试

专项数据流环路测试是在卫星全部单机及部组件均完成功能及性能测试没有问题后进行的，参与设备为全部星上单机产品。

测试项目包括上电顺序及时间检查、遥测包环路检查、遥控指令环路检查、载荷数据流环路检查。

（3）姿控系统部组件级模飞测试

姿控系统部组件级模飞测试主要完成控制系统各飞行模式下的闭环测试以及控制软件的故障诊断及处理测试。

（4）测控无线对接试验

测控数传设备无线通道需要在装星前与地面站进行无线对接，在装星前，桌面联试中可采用相关的综合电子设备、测控数传分系统设备与地面站进行无线对接试验。

6.2.2　装星后整星测试

装星后整星测试侧重于对卫星系统进行全面的系统性功能及性能检查，主要包括验证装星状态下分系统技术指标满足情况及功能符合情况；进一步确认各分系统间的电性能接口的正确性和匹配性；验证卫星系统功能及性能指标；验证卫星系统各种工作模式下卫星功能及性能指标的符合情况及交叉组合匹配情况，实现卫星系统性能的全面检测。

装星后测试分为 A、B 两个阶段，A 阶段参试卫星的状态为部组件装星后，卫星舱板和舱前；B 阶段参试卫星的状态为卫星合舱板后，天线安装完毕，太阳能帆板安装完毕。

6.2.2.1　装星后 A 阶段整星测试

装星后 A 阶段整星测试可划分为 3 个小阶段，分别包括卫星系统功能及性能检查（可记为 A1 阶段）、飞行时序及工作模式切换测试（可记为 A2 阶段）、故障预案检查（可记为 A3 阶段）。

（1）卫星系统功能及性能检查

装星后系统功能及性能检查包括搭接电阻检查、整星阻抗及接地情况检查、分系统级功能及性能检查、遥测环路检查、遥控环路检查。

（2）飞行时序及工作模式切换测试

飞行时序及工作模式切换测试的重点为验证飞行时序设计的正确性、卫星系统工作模式切换及在某种工作模式下系统运行的正确性。

飞行时序及工作模式切换测试共包括两个阶段。第一个阶段为模拟飞行阶段测试，即通过姿控计算机软件注入的方式，模拟卫星姿控部组件数据，完成卫星系统下全生命周期的卫星工作模式运行，充分验证飞行时序设计的正确性、各分系统协同工作配合情况、姿控模式跳转的正确情况。模拟飞行阶段需包含所有的卫星工作模式、姿态控制模式。第二个阶段为真实飞行状态测试，即在整星状态下，通过旋转卫星，接入太敏模拟源等手段，验证在姿控部组件的协同配合下姿态模式运转的正确性。

模拟飞行阶段测试采用姿态测量部组件数据、轨道数据、时间数据等模拟注入的方式，进行卫星全生命周期的卫星飞行时序及卫星工作状态切换测试；模式的跳转需严格按照卫星飞行时序设计进行，模式跳转的时间，对应在卫星真实飞入该测控站的时间内进行。

真实飞行状态测试是通过转台、太阳模拟器等辅助设备，测试卫星在接入真实部组件的情况下，卫星姿态控制及模式跳转的正确性。真实飞行状态的测试则完全按照飞行时序来进行。

（3）故障预案检查

故障预案检查是测试卫星在各种可能出现的故障情况下，能否按照预期的设计进行故障处理。故障预案检查分为对设备管理的故障预案检查、对能源管理的故障预案检查、对姿态控制的故障预案检查等。

6.2.2.2　装星后 B 阶段整星测试

装星后 B 阶段的射频通道测试均采用无线测试。

B 阶段测试新接入设备包括太阳能帆板以及相关天线，针对新接入的测试设备进行功能性验证，并进行全流程的模飞任务充分性强化测试。

新增设备的功能及性能检查包括对太阳能帆板的检查，如太阳能帆板模拟光照、阴影时充放电功能及性能检查等，测控系统针对每一路通道，进行上下行的无线通道功能检查。

全流程的模飞任务充分性强化测试，即再一次按照卫星的飞行时序，进行模拟测试，测试的过程中，将加入不同模式间的切换测试，特别是对安全模式的强化测试。安全模式测试的过程中，还将覆盖到阴影期和光照期进入安全模式的测试、一次完全采用蓄电池放电的模飞流程测试等项目。

6.2.3　试验过程中的测试

卫星在力学试验、热试验后需要进行相关的电性能测试。力学后确认测试阶段是验证卫星系统在力学环境试验条件下，各单机及所有部件对各种力学环境的适应能力，重点进行力学试验后卫星系统功能的确认测试。热平衡、热真空试验阶段的电性能测试，重点检查卫星各仪器设备及所有部件对热真空环境的适应能力，掌握各关键部件的温度数据、变化规律、真空中有无放电、各种工况下的设备状态检查等。

试验不仅仅是需要进行相关的电性能测试，来验证卫星功能和性能在相关试验环境下能否达到系统要求的过程，也是相对比较耗费时间的一个过程。如果能够合理利用时间，在试验的过程中，并行进行相关功能及性能的考核，则能够事半功倍。例如，在热试验的过程中，并行开展电性能测试，或将一部分无线通道的功能和性能测试与电磁兼容性（EMC，Electro Magnetic Compatibility）试验来合并进行。

6.2.4　自动化卫星系统测试

微纳卫星的研制更多面向卫星星座组网式的应用，特别是商业卫星星座应用的发展。通常情况下，卫星研制是批量化的，即一次性研制多颗相同状态的卫星，在这种应用背景下，能够进一步降低卫星的研制成本，缩短卫星的研制周期。卫星研制方也希望能够研发通用化的卫星平台，满足不同应用类型用户的需要。因此，与卫星系统研发一样重要的，是研发通用化的并行、柔性式卫星自动化测试系统，有效提高卫星研制自动化程度及速度，以对未来微纳卫星系统设计及发展起到推动作用。

自动化卫星测试系统的设计，是依据卫星系统的特点配套进行设计的，与此同时，兼顾测试厂房、区域以及 AIT 的整个流程环节进行设计。自动化卫星测试系统的功能应该覆盖到卫星平台、载荷的各个阶段全部综合电性能测试项目，同时兼顾卫星总装、试验等环节的需求。

下面给出两个自动化卫星测试系统平台设计示例，第一个是由徐婧等[125] 提出的卫星自动化测试系统，如图 6-4 所示。该系统是以 PXI 架构为基础，结合硬件测试设备、服务器、终端之间的网络通信技术，提出的一套用于商业卫星自动化测试平台的设计方法。该测试系统已配合某型号卫星完成卫星平台测试。通过实践验证表明，该测试平台能够满足商业卫星高性价比、快速、全面、稳定测试的需求。

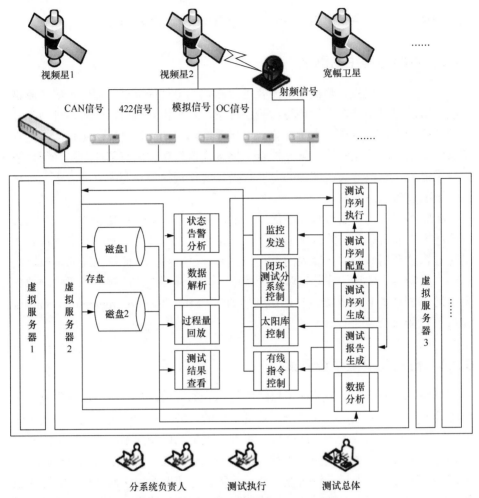

图 6-4　自动化卫星测试系统平台示例一

　　第二个是由高括[126]设计提出的，面向批量卫星流水线的自动化测试系统。该系统能够为测试提供方便、可靠的服务。系统设计面向整个 AIT 流程，并进行了测试、试验厂房区域的布局。该系统有综合测试间、单机桌面联试区、装星区、模飞区、磁试验区、EMC 试验区、热试验区、力学试验区、老练及存储区、供电系统等部分，各部分内部设备通过局域网交换机连接，交换机之间通过以太网连接，距离较远的跨区连接采用光纤连接，每个卫星操作区域均配备了至少一个语音调度工位，系统构成如图 6-5 所示。该系统提高了批量卫星的测试效率、精简了测试人员队伍、缩短了卫星研制周期，可为后续批量卫星流水作业自动化并行测试系统的完善设计提供重要的参考价值。

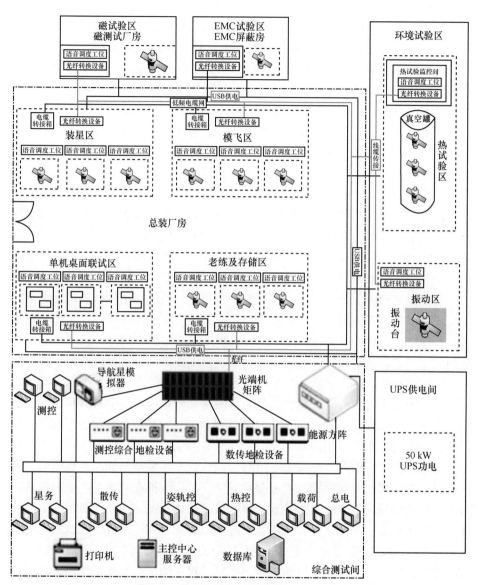

图 6-5 自动化卫星测试系统平台示例二

6.3 卫星试验

卫星环境试验，即模拟卫星在寿命过程中所经历的全部真实环境，来验证建造后的卫星是否能够可靠工作在不同的环境下，一般的微纳卫星为低轨的对地工作卫星，卫星将经历的环境按照发射入轨的顺序，可以划分为地面存储环境、地面运输环境、发射主动段力学环境、在轨冷/热环境、真空环境、空间电磁环境、空间辐射环境等。相对地面较严酷的环境是从发射主动段力学环境之后的全部环境，卫星的环境试验也是为了验证从发射主动段力学环境之后的全部环境下，卫星是否能够可靠工作。

卫星所在的环境是一个综合的复杂环境，通过发射主动段力学环境、在轨冷/热环境、真空环境、空间电磁环境、空间辐射环境等这样的划分方式，可以建立某种或多种环境条件，通过分别验证卫星是否能够适应其中的每一种环境要求，来确定卫星能否适应这样的综合复杂环境。针对以上的卫星工作环境，建立针对某一环境条件的试验环境，如针对发射主动段力学环境，建立力学环境试验；针对在轨冷/热环境、真空环境，建立热环境试验；针对空间电磁环境，建立电磁兼容环境试验；针对空间辐射环境，建立紫外辐射试验、带电粒子辐射试验等；其他的环境试验包括磁试验、声试验、噪声试验、寿命试验等。

根据卫星的研制阶段不同，传统卫星的环境试验包括初样试验、鉴定试验以及验收试验。不同研制阶段针对部组件、分系统和整星需要分别进行环境试验。初样试验的目的是验证产品设计方案和工艺方案的合理性；验证产品能否达到规定功能以及对各种环境的承受能力，为正样产品设计提供依据。鉴定试验的目的是检验产品能够承受的各种鉴定试验环境的能力，验证产品的设计、制造和组装是否符合要求。验收试验的目的是暴露正样产品中材料和工艺的缺陷[127]。不同阶段、不同层级的卫星试验项目设置、试验条件量级各不相同，评价和验证的内容也各不相同。

微纳卫星系统摒弃了传统大卫星的研制模式，多采用初样加正样的研制模式，或一步正样的研制模式。很多微纳卫星还采用了批产式的卫星研制模式，对于不同研制模式的卫星，所设置的环境试验项目是不同的。一般微纳卫星的环境试验包括力学环境试验、热环境试验、电磁兼容环境试验、磁试验、老练试验[128]，卫星还需要与大系统工程中有接口的系统进行接口验证试验，包括与运载的接口验证试验，以及与地面测运控站的对接验证，与大系统的接口验证也可包括在卫星测试中。卫星系统级的试验往往是在专门的试验室或试验设备中进行的，能够全面进行卫星环境试验的试验系统，往往具有测试项目全面、系统复杂、造价昂贵、测试精度高等特点。本节针对微纳卫星系统级的力学环境试验、热环境试验、电磁兼容环境试验、磁试验的方法进行介绍。

6.3.1　力学环境试验

力学环境试验[129-131]是指用于验证卫星系统在预计的静、动力环境作用下，结构完好性和环境适应性的试验。卫星所经受的力学环境主要包括振动环境和冲击环境，分别包括：①瞬态振动环境，即卫星在飞行过程中，由运载火箭各级发动机点火、关机、级间分离以及其他瞬态时间引起的能量突变，而激起的正弦衰减型结构振动的响应；②随机振动环境，即来源于运载火箭起飞声场、气动激振以及结构所传递的振动在卫星上所产生的随机振动；③正弦振动环境，即由于卫星的设备旋转不平衡、纵向耦合振动、瞬态振动，以及地面运输、装卸等产生的正弦或窄带随机振动环境通过结构传递到卫星上，所产生的正弦或衰减正弦振动响应；④冲击环境，由卫星发射、运行或返回期间释放、分离、展开、弹射等在卫星上引起的冲击响应[132]。

力学环境的试验条件，是由运载火箭方提供的、运载火箭方给出的星箭分离面的力学条件，包括正弦振动、随机振动、冲击谱试验条件。

卫星振动试验包括正弦扫描振动试验和随机振动试验。试验操作流程可简单划分为确定试验条件及要求、搭建试验系统、按照试验要求完成试验、整理试验数据并输出试验报告。

（1）确定试验条件及要求

振动试验需要输入的试验条件包括试验参数、力学数据采集点分布方式、试验过程中的特殊要求以及数据处理要求等。

振动试验的试验条件参数主要包括试验量级、试验加载频率范围、试验加载方向、试验持续时间等。正弦扫描振动试验的持续时间由扫描速率和频率范围共同确定，随机振动试验的持续时间以秒或分表示。试验加载方向一般与卫星的机械轴向坐标一致。力学试验中，往往伴随下凹控制、响应控制、力限控制等要求。在试验前，应明确力学试验中需要的控制要求、控制条件等；还应确定力学试验数据处理方式，如常用的数据处理方式包括绝对值峰值法、均值峰值法、有效值峰值法、滤波峰值法等。

（2）搭建试验系统

卫星进行力学环境试验，是在专用的力学实验室完成的。试验系统通常包括振动台、测量传感器系统、数据采集分析系统，以及参试卫星。

振动台负责产生所需要的频率、位移、时间要求的正弦振动和随机振动，一般包括振动发生装置、加速度传感器、信号调节器等。测量传感器系统安置于数据获取的位置，用于感知振动，一般包括加速度传感器、应变片、力传感器、信号调节器等。数据采集分析系统是完成传感器数据采集、记录、处理、分析并输出试验数据的。参试卫星通过试验夹具，安置在试验台上，并根据力学数据采集点分布要求，进行测量传感器布局及粘贴，在传感器安装的过程中，要注意保证传感器稳固、可靠地安置于数据采集的表面位置，且接头连接牢靠，传感器采集轴向与卫星保持一致。参试卫星所使用的夹具一般是在试验前根据卫星对接装置进行特殊生产加工的。

（3）按照试验要求完成试验

卫星系统的振动试验是在 3 个相互正交的方向上分别进行的。在每个方向上进行试验的过程中，首先检查全部试验环境是否满足试验要求；然后按照试验条件加载满足试验量级的振动条件；在试验过程中，记录试验状态并保存试验数据，试验数据的记录形式包括过程记录、照片及录像方式等；振动结束后，要检查卫星外观状态，并进行卫星力学环境试验后卫星电性能确认测试。

对于试验过程中产生的突发状况，应按照事先制订的相关应急预案或应急处置方案进行安全处理，决不可在无依据的情况下，贸然采取措施。

（4）整理试验数据并输出试验报告

试验结束后，需要拆卸传感器、夹具等，并将卫星安全吊离或搬离振动台，对在卫星试验过程中的过程记录、必要的照片及录像资料、操作及检验结果记录、试验突发状况及处理情况记录等原始数据和资料进行整理。

一般情况下，振动试验的数据结果包括正弦振动试验的控制和响应的幅值-频率曲线；随机振动试验的控制和响应的功率谱密度曲线、加速度总均方根值。试验最终要形成试验报告，试验报告一般为试验室出具的具有检验效力的环境试验报告。卫星研制部门也可整理编制一份更加完善详细的试验报告，其中增加对试验结果的深入分析、试验异常数据分析等内容。

6.3.2 热环境试验

热环境试验包括热平衡试验和热真空试验。热平衡试验是为了考核热控分系统维持卫星上的设备、分系统在规定的工作温度范围的能力，获取卫星温度分布数据，验证卫星系统热控设计的正确性，并根据实际试验数据，修正热控设计模型；热真空试验主要是为了验证卫星系统在轨在各种工作模式下，工作性能指标能够满足要求[132]，并且，充分暴露元器件、材料、工艺和制造过程中，可能引入的潜在质量缺陷[133]。

6.3.2.1 热平衡试验

热平衡试验是在空间模拟室的轨道热环境条件下，检验卫星在轨道飞行中平衡状态下温度分布的试验。为了测试卫星的热控分系统，保证卫星系统在要求的温度范围内工作，并获得星上的温度分布数据，试验会设置特殊温度条件的情况，即通过控制卫星外部设置不同的工况对卫星系统进行考核，热平衡所设置的工况一般分为稳态工况、准稳态工况、周期性瞬态工况、瞬态工况等。

① 稳态工况：参加试验的航天器上的仪器设备长期连续工作，其发热量恒

定不变，且外热流为恒定值（一般取轨道周期外热流积分平均值）。

② 准稳态工况：参加试验的航天器上的仪器设备按设定的工作模式工作，且外热流为恒定值。

③ 周期性瞬态工况：参加试验的航天器上的仪器设备按设定的工作模式工作，且外热流为轨道周期瞬变值。

④ 瞬态工况：参加试验的航天器上的仪器设备按设定的工作模式工作，且外热流为非周期性变化。这种试验工况一般对应于某些特定航天器的飞行任务，或者对应于航天器工作寿命期间内特定的飞行轨道，如工作寿命只有几天的航天器，阴影时间很长的阴影区内的航天器试验工况等。

其中，稳态的判定条件是考察在连续的 4 个小时内，温度的波动值不超过 $\pm 0.5\,℃$，单调变化的温度值每小时不超过 $0.1\,℃$。无论是瞬态工况还是准稳态工况，试验一般按照航天器运行的轨道周期进行，依据一个运行轨道周期内卫星设备的工作模式和外热流的值，重复进行若干个周期的循环试验，直到卫星的温度达到周期稳定，同样可以采用若干个轨道周期作为一个热试验周期，连续重复进行若干个热试验周期的循环试验，直到卫星的温度达到周期稳定。

为了建立上述的工况试验条件，一般采用模拟空间外热流的方法，模拟空间外热流是指卫星在轨道运行时，到达其外表面上的各种空间辐射热源。空间外热流的模拟可采用入射热流法和吸收热流法来进行，有时也采用这两种方法的结合，来模拟与之相对应的工况。入射热流法是指通过模拟入射到卫星表面上的太阳辐射，行星反照和辐射强度、角度及光谱分布，来创造得到试验工况；吸收热流法是指模拟卫星在空间飞行时，表面吸收到的太阳辐射、行星反照和辐射的方法。

为了实现入射热流或吸收热流的模拟，一般采用的热平衡试验系统包括空间环境模拟器、太阳模拟器、红外加热装置、接触式电阻加热器等试验装置。

（1）空间环境模拟器

空间环境模拟器一般采用真空罐，在用于空间环境模拟的真空罐内，压力一般不高于 $1.3 \times 10^{-3}\,Pa$，热沉表面的温度一般不高于 $100\,K$，面向卫星表面的太阳光谱的总吸收率大于 0.95，半球向发射率大于 0.9。

（2）太阳模拟器

太阳模拟器是模拟太阳辐射特性的光学设备，利用太阳模拟器，能够模拟卫星在轨道上运行时，卫星经受太阳辐射的方向效应、光谱能量效应和热效应。太阳模拟器按照光学系统设计的不同分为准直型和发散型两种，太阳光辐射强度为连续可调。

（3）红外加热装置

红外加热装置是一种产生辐射热流的装置，如由电阻式加热器构成的热笼和加热阵等。红外加热装置能够模拟卫星在轨道运行时经受的来自太阳辐射、行星反照和辐射热流产生的热效应。

（4）接触式电阻加热器

接触式电阻加热器是通过电阻片粘贴于卫星壳体，通过电加热来模拟卫星在轨道运行时吸收到的空间外热流的装置。该装置是利用接触式电阻加热器来模拟卫星在轨道运行时所吸收的太阳辐射、行星反照和辐射热流所产生的热效应。

除了进行空间环境的搭建，在试验的过程中，需要对测试进行准确监测和记录，包括两方面：一是对模拟的空间环境进行监测和记录，二是对卫星本体进行监测和记录。特别需要记录的是对温度的测量值，对温度测量环节的注意事项包括两方面：一是测量传感器的选择，温度测量精度和测量稳定性是保证热试验记录正确的重要前提，一般情况下，要采用灵敏度高、稳定性好、热惯性小，能在真空状态下正常工作的温度传感器，如热电偶、热敏电阻等，传感器需要经过专门的部门进行定期检定，且传感器采集系统的传感器采集接线也需要注意尽量采用隔热处理，即保证采集的传感器的测量值正确；二是测温点分布设计，为了能够更加准确、精细地采集卫星系统以及模拟空间系统温度信息并建立准确的温度模型，需要使测温点布局及分布尽量与数学模型所计算的节点位置、卫星在轨过程中的温度遥测位置尽可能相对应，且在条件允许的情况下，尽可能多地放置温度测量传感器。

热平衡的试验过程包括试验前检查、试验运行及试验数据的整理。试验前检查是确认全部参试设备的状态，包括空间模拟器的状态检查、参试卫星的状态检查、卫星在模拟空间环境下环境建立的检查等，保证全部参试设备能够按照操作规程可靠运行。检查确认后可以开始试验，首先按照预先设定的真空压力和温度，调节与控制空间外热流模拟器，使卫星按照事先的设计规划，逐一工况进行试验，在每一个工况下，需要按照要求，定时测量卫星系统以及模拟空间环境的温度、性能参数指标等，直至全部规定的工况记录完整，即可按照规定的流程结束试验。

6.3.2.2　热真空试验

热真空试验与热平衡试验一样，属于热试验范畴，一般是在热平衡试验之后连续完成。热真空试验是指在真空和一定的温度条件下，验证航天器及其组件各种性能与功能的试验，热真空试验有时被称为热真空温度循环试验。热真空试验的工况建立是模拟卫星所在的冷、热交替的冷热环境，因此，热真空试验是在高温、低温，以及升温或降温的反复交替循环中进行的，通常称高温或低温的情况为热浸或冷浸，一般情况下高低温循环的次数为 8 次。

与热平衡试验一样，热真空试验的高温、低温以及温度变化的模拟，也是通过真空罐以及空间外热流模拟器等组成的空间环境模拟系统来完成的。空间环境模拟系统需要保证每个高温、低温的持续时间大于 8 h，且升降温的速率一般大于或等于系统要求的温度变化速率。空间环境模拟系统的温度控制通过内热源和外热流来进行调节和控制，内热源调节是指通过卫星上的设备和卫星上的主动热控系统来进行温度调节和控制，外热流调节是指通过空间外热流模拟器，如红外加热器、接触式电阻加热器等进行温度调节。

热真空试验按照试验进行的时间顺序分为试验前准备、开始试验以及试验结束后数据整理。试验前，搭建实验系统，进行试验前准备，首先建立空间外热流模拟环境及测温系统，将卫星放置在空间环境模拟装置中，检查模拟环境状态、卫星状态、卫星与模拟环境之间的连接状态，确认无误后，开始试验。试验开始后，通过真空装置、加热、冷却系统、外热流模拟装置等，模拟在轨空间冷热环境，分别交替进行升温、热浸、降温、冷浸循环，在热浸和冷浸的过程中，对卫星进行电性能综合测试，考察部组件、卫星系统的功能、性能是否正常且满足系统要求。在完成全部的温度循环试验后，试验结束，系统回温回压。试验结束后，对试验进行综合总结，并形成试验报告，试验报告中，需明确记录卫星系统状态、试验工况、试验过程、试验结果及数据分析等详细内容，最后明确给出试验结论。

图 6-6 为正在进行热真空试验前准备的 ESA 量子卫星。

图 6-6　正在进行热真空试验前准备的 ESA 量子卫星

6.3.3　电磁兼容环境试验

卫星系统的电磁兼容性是卫星系统设计需要综合考虑的整体性问题，特别是对载荷为通信载荷的卫星，卫星系统的电磁兼容性设计，直接决定了卫星系统载荷的工作效能。对于光学遥感类微纳卫星，卫星系统的电磁兼容性设计要求有所降低，但也会对卫星通信等起到重要作用。

卫星的电磁兼容性是指卫星系统中单机设备、平台、载荷等，在一个共同的电磁环境中，能够达到共存的状态，相互之间不受干扰。这就要求卫星系统中的单机设备、平台及载荷自身在工作的过程中能够具备一定的抗干扰能力，不被其他单机或系统所影响，同时，卫星系统中的单机设备、平台及载荷不会干扰到其他的设备。

卫星系统针对电磁兼容性问题，采取的必要手段包括卫星系统中单机设备、卫星系统的电磁兼容性设计、卫星系统电磁兼容性分析及仿真、卫星系统的电磁兼容性验证试验[134]。卫星系统的电磁兼容性设计包括单机部组件级的电磁兼容性设计及卫星系统级的电磁兼容性设计。卫星系统需要从卫星整体出发，下达单机及部组件在设计制造过程所要遵循的电磁兼容性指标，严格按照指标进行设计，对单机所使用的频率进行分析，对可能产生有害的辐射发射干扰，采用屏蔽、接地、隔离、滤波等方法进行处理，在单机设备制造完成后，需要通过单独的电磁兼容性试验进行单机级的验证；卫星系统级的电磁兼容性设计主要从两方面开展，分别是有意辐射发射的控制和无意辐射发射的控制。有意辐射发射的控制措施为对于同频段发射设备和接收设备的电磁兼容性控制，即尽可能减少同频段之间的互相干扰，对于卫星系统信号接收频段范围内的发射信号，尽可能提高隔离度。无意辐射发射的控制措施，分别从辐射源控制和传输路径控制两方面进行。首先是辐射源控制，即控制各单机设备必须按照系统要求的电磁兼容性指标，并采取合理可靠的电磁兼容性控制措施，保证单机设备在系统级的情况下，不会引入额外的干扰。其次是传输路径控制，即在单机系统之间，进行有效的电磁兼容性控制，如在传输路径上对电磁兼容进行控制，对高频和低频电缆等采取屏蔽、接地等可靠处理。

卫星在组装后，进行卫星系统级的电磁兼容性验证试验，卫星系统级的电磁兼容试验是在特殊的试验室内进行的，它主要是针对卫星系统的，测试部组件或分系统之间是否存在电磁间的相互干扰，进而影响系统的工作性能，特别是信号接收、信号发射的性能。系统级的电磁兼容性试验所遵循的标准和要求有《军用设备和分系统电磁发射和敏感度要求和测量》等。一般情况下，卫星系统进行电磁兼容性试验的测量流程及项目如下。

（1）背景噪声测试

背景噪声测试是为了测试在环境中的频率特性，确定在环境中的频率干扰源及干扰，使后续测试能够充分了解由环境带来的影响，进而能够扣除环境噪声。

（2）传导发射测试

传导发射测试包括线纹波电压测试、负载开机浪涌电流测试、地电位噪声测试、地线回流测试、电源线传导发射和传导敏感度测试等，可根据系统电磁兼容性要求，选择测试项目。

（3）辐射敏感度测试和辐射发射测试

辐射敏感度测试和辐射发射测试主要面向卫星系统内部，包括射频通道工作相容性测试、整星射频频谱测试等。

（4）系统自兼容测试

卫星的自兼容测试是模拟卫星在寿命期间内、工作在不同工作模式下，卫星平台、载荷的电磁自兼容测试。卫星系统的工作状态越接近于在轨的实际状态，测试越有效。

（5）与大系统接口电磁兼容测试

卫星与大系统接口电磁兼容测试包括卫星与测试系统的电磁兼容情况、卫星针对发射场系统的电磁兼容要求、卫星与运载系统要求的电磁兼容情况。

卫星的电磁兼容性需要考虑卫星与运载火箭间的电磁兼容性，通常情况下，运载火箭会提供给卫星系统电磁兼容性的相关要求，卫星系统在设计、仿真、验证的过程中，要按照依据进行设计和验证，近年来，很多微纳卫星采用搭载发射的形式入轨，在入轨段卫星系统不上电，此种条件下，卫星系统可以不考虑入轨段与运载之间电磁兼容性的影响。

6.3.4　磁试验

卫星系统中有两个环节对磁环境有着特殊的要求。第一个是卫星系统中的姿轨控分系统，磁干扰力矩会影响卫星姿轨控制精度，影响卫星飞行姿态；第二个是卫星系统中磁测量或磁敏感的设备，磁环境会对测量精度或设备性能产生极大的影响。卫星系统在进行系统设计以及运行在轨道上的过程中，都会产生相关的磁干扰。这些磁干扰包括永磁力矩、感生磁力矩、涡流磁力矩、磁滞阻尼、轨道磁场、磁污染等。为了保证卫星系统及相关设备稳定、可靠地工作，对于有以上情形的卫星需要进行磁相关的设计与仿真，并通过磁试验对卫星系统的磁性进行系统全面的了解、诊断和评估[135]。

为了保证卫星系统的磁环境，有效控制卫星系统本底磁场及磁干扰力矩，卫星系统需要进行系统性的磁设计[136]。磁设计首先要根据航天器的磁矩要求，提出卫星系统、分系统或单机部件的磁矩要求，如确定磁矩要求、磁干扰力矩要求、本底磁场指标要求等；然后根据指标要求采取相关措施对部组件及卫星系统进行磁性控制，如合理选择卫星内部的材料及原件，对卫星内部设备进行合理布局布线，采用相关的磁屏蔽、磁补偿技术等。对于研制完成的卫星系统，要注意避免来自存储环境、运输环境、发射环境等中的强磁场环境，从而避免其导致卫星系统产生磁性变化。

磁试验是在磁试验室中进行的，在地面环境进行试验，是在地磁场环境对卫星进行试验，磁试验数据的准确性来自对试验室的磁场环境的背景干扰小，区域内磁场稳定，磁测试及试验设备的测试精度高、性能优越的要求。目前建立的磁试验环境系统：一种是价格昂贵、功能全面的能够仿真模拟卫星在轨运行周期内，卫星所遇到的全部磁场环境的试验室；另一种是相对造价较低的低磁试验环境，无论哪种磁试验室，一般情况下是在专门的测试厂房中进行建设的。

卫星系统的磁试验项目主要包括对卫星的磁场和磁矩进行测试，当卫星的磁场和磁矩不能满足磁性设计指标时，需要在磁试验过程中进行充、退磁的处理和磁补偿的处理，最终使卫星系统能够满足系统提出的指标要求[137]。

（1）磁场测试

磁场测试主要为了测试卫星系统中所采用的磁强计所在处受到的磁场干扰，并评判磁强计受到的干扰程度。

（2）磁矩测试

磁矩测试包括测定卫星系统中材料、元器件部组件等的磁矩，以及卫星系统本体的磁矩，可确定卫星的磁性大小、方向，为磁补偿提供依据。磁矩的测试方法包括间接法和直接法。间接法是通过测量卫星的磁场分布，进而通过数学计算的方法得到的，常用的方法包括偶极子法、球面作图法和赤道作图法等。直接法是通过测量磁矩和磁场的相互作用产生的力矩，来测量得到卫星的磁矩，常用方法包括谐振脉冲法、力矩法等。

（3）充磁、退磁

卫星系统的充磁、退磁是为了有效减少卫星系统的磁矩，使卫星剩磁达到最低的水平。卫星系统充磁是为了退磁；卫星系统退磁是通过周期性地减少磁滞环，逐步持续减少磁滞曲线的面积到零，进而推掉饱和剩磁。

（4）磁补偿

在进行卫星退磁处理后，卫星仍超过磁性设计的指标时，采用磁补偿处理。磁补偿处理将一个小磁块固定在卫星本体的某个位置上，该磁块能够产生与卫星磁矩相反的作用，进而减小卫星磁矩。

6.4 本章小结

卫星总装、测试及试验被统称为卫星系统研制的 AIT 环节。AIT 工作占卫星系统设计及研制总环节的 1/3，甚至是 1/2 以上，也是卫星系统设计及研制的重要内容。卫星总装、测试及试验往往是交叉进行的，需要进行统筹设计和考虑，是有效降低卫星系统研制成本、缩短卫星研制周期的关键环节之一，是未来批产式卫星系统生产需要重点关注并创新的环节。卫星系统的 AIT 往往项目繁杂，工作量大，是卫星系统设计的延伸和落实，因此，更加需要投入人力、物力来保证 AIT 中每一个环节的有序性和正确性。另外，对卫星系统的测试和验证，也是对卫星系统是否能够在轨可靠、稳定运行进行直接检验和验证的依据。

本章按照总装、测试、试验的顺序分别对相关环节进行系统介绍。首先，按照总装实施的先后顺序分别介绍了总装设计、总装准备、总装实施以及总装后的测试；然后，介绍了卫星系统综合电性能测试，并根据以往经验，介绍了一种面向微纳卫星系统的高效综合电性能测试方法；最后，针对微纳卫星系统中常见的环境试验（如力学试验、热平衡试验、热真空试验、电磁兼容性试验、磁试验的试验目的、试验方法、试验项目等）进行介绍，为微纳卫星系统 AIT 的设计及实施提供了重要的参考依据及帮助。

第7章

项目实施规划方法

卫星制造通常是一个系统工程，包含卫星系统的设计、制造、验证、发射全过程，因此，卫星类项目通常需要采用全周期的卫星管理模式来实现对卫星设计及制造的全过程管理。

针对微纳卫星，虽然卫星的规模比大卫星小，复杂度比大卫星低，但从卫星项目实施的环节上来看，微纳卫星和常规的大卫星基本是统一的；从卫星项目的管理上来看，微纳卫星项目会伴随着对质量和进度上的管理。因此，在卫星的实施之初，需要对卫星项目进行一个系统的实施规划，在这个系统规划中，需要明确每一个工作阶段的任务目标、主要工作内容和完成时间，这样才能够保证卫星项目的顺利实施。

为了降低卫星系统的制造成本，微纳卫星往往摒弃传统大卫星初样、鉴定、正样的卫星研制模式，而是采用初样加正样的研制模式，甚至是一步正样的研制模式。对于初样加正样的微纳卫星项目实施，可划分为项目论证阶段、总体设计阶段、分系统设计阶段、总装实验验证阶段、正样卫星研制阶段及在轨测试交付阶段；对于一步正样的微纳卫星项目，其项目实施可划分为项目论证阶段、总体设计阶段、分系统设计阶段、总装实验验证阶段及在轨测试交付阶段。

7.1 项目论证阶段

项目论证对指导项目的实施具有重要的使用价值，是大型复杂工程进行项目实施中必不可少的重要环节。项目论证是指对拟实施的项目，在技术上是否可行、经济上是否有利、时间上是否可行的综合分析和全面科学论证，是技术和经济的结合，其目的是避免或减少项目的决策失误，提高投资的效益和综合效果。

整个卫星应用系统是结合卫星星座系统、地面测运控系统和地面应用系统的综合服务运营系统，往往投资巨大、涉及面广、系统复杂，因此，项目论证是重要且必要的环节。卫星应用系统的项目论证，通常需要统筹卫星星座系统、地面测运控系统和地面应用服务系统，而卫星星座或者单颗卫星的项目论证，通常是将卫星应用系统需求及预算进行分解后，对卫星星座或单颗卫星的项目论证。对卫星星座或单颗卫星的项目论证，按照系统论证要求，需要从技术、经济和时间上进行综合评判。

卫星星座或单颗卫星论证的主要任务是确定项目的基本实施方案，基本需要确定以下内容。

第一，落实所有的技术环节是否都可行，包括载荷方案、卫星平台方案。

第二，所设计的卫星系统是否与大系统接口可匹配，包括卫星运载对卫星系统的要求，卫星轨道是否满足卫星任务要求，卫星能源是否满足卫星轨道要求，卫星测控分系统是否满足地面测运控系统要求、卫星应用系统所申请的频率资源要求。

第三，确定卫星是否能够满足任务要求，包括载荷的技术方案是否能够满足任务上的技术要求，卫星轨道是否能够保证卫星任务在时间上的要求。

第四，确定项目实施过程中关键环节的实施者及分工，既包括项目团队的人员名单及所负责的工作，又包括项目的合作者，如运载的实施方、测运控的实施方、卫星系统产品的协作方等。

第五，确定项目的经费预算，包括每一个环节的项目花费，保证项目的花费是在合理的范畴之内，不超过项目预算并留有一定余量，通常可配合卫星应用系统一起论证项目的经济性。

第六，确定项目的实施周期，项目的实施周期是根据整个项目规划所设定的，在保证满足运载的发射要求的前提下，还要保证项目的每一个环节留有的时间是合理的、可完成的，同时，时间上需要留有一定余量。

卫星星座或单颗卫星论证的主要目标：确定卫星系统的基本实施方案、项目预算以及项目实施计划。卫星论证所花费时间是根据整个项目周期要求来的，一般花费为整个项目周期时间的 20%～30%，根据项目论证的结果，确定是否实施项目的开展。

7.2　总体设计阶段

卫星是一个复杂的系统工程，因此，在设计卫星的过程中，遵循的是先总体再分系统的带有层级性的设计理念。卫星总体设计就是站在卫星系统的角度上，确定卫星系统的设计方案。卫星论证阶段和卫星总体设计阶段的主要区别：卫星论证阶段解决的问题是卫星实施及方案的可行性、卫星系统方案的经济性、卫星是否能够解决应用的问题等，确定项目能不能做，从宏观层面来回答项目应该如何做；卫星总体设计阶段解决的问题是确定卫星总体的技术方案和技术指标，为下一步卫星分系统的设计及制造提供输入条件和评判依据，相比卫星论证阶段，是要确定项目的每一个环节应该怎么做、做成什么样。

根据卫星总体设计阶段的任务要求，卫星总体设计的主要任务可概括如下。

第一，根据卫星系统的任务要求，确定卫星系统方案，包括卫星的构型及布局、卫星姿轨控系统的总体方案、卫星信息流设计、卫星在轨工作流程设计、卫星工作模式设计、卫星载荷方案。

第二，确定卫星的总体技术指标。其中，卫星总体上的技术指标，包括卫星轨道、质量、体积、寿命、功耗；卫星平台性能上的技术指标，包括星载计算机要求、卫星姿态要求、测控数传要求、卫星能源要求；卫星任务上的技术指标，主要是针对载荷的任务技术指标。

第三，完成卫星的资源预算。卫星的资源预算是卫星总体设计中非常重要的环节，是检查卫星系统能够满足大系统接口要求的理论验证环节。通常的资源预算包括质量预算、能源预算、通信链路预算、数据存储能力预算等。

第四，确定卫星产品配套，即确定卫星系统中所要采购的卫星产品，包括产品型号及相关产品的设计生产单位，为了节约成本，通常会采用技术成熟的定型产品直接采购后装星。

第五，再次确认卫星的研制团队、工作实施计划，根据卫星方案的成熟度分析，确定卫星的研制模式，如是否需要研制卫星的初样产品或卫星直接采用一步正样的模式。如果是卫星星座，是否要研制卫星的技术验证星，再进行卫星组批生产，根据卫星的研制模式，细化出卫星的研制团队负责人、责任人的工作任务，项目实施的具体工作时间周期安排，并落实到专人统筹协调。

第六，确定分系统设计的输入要求，卫星总体设计的一个关键内容是指导分系统开展设计及生产，因此，总体设计阶段和分系统设计阶段的一个衔接环节，是为分系统确定输入条件。在进行分系统设计的过程中，往往并不了解卫星总体方面的要求及设计，而是根据分系统或单机的输入条件来开展工作，这其中的输入包括功能要求、技术指标要求及接口要求。

卫星总体设计阶段的主要目标：确定卫星系统的技术方案、技术指标、分系统设计输入或卫星产品设计输入、卫星项目实施计划及人员配置。卫星总体设计的时间一般是在卫星项目论证工作的基础上开展的，因此，占比相对小一些，为整个项目周期的 1/10，或者联合项目论证阶段共同开展，即在项目论证的过程中，同步开展卫星的总体设计，并在项目论证结束时，同步给出卫星的总体设计方案。

7.3　分系统设计阶段

分系统设计阶段包括产品级或分系统级的设计、生产、调试测试及试验验证。

分系统设计阶段的主要工作任务，按照时间顺序划分如下。

第一，根据卫星总体的输入要求，完成分系统的详细设计。在微纳卫星系统中，有时一台单机就可以完成一个分系统的功能，有时需要多台单机组合在一起，联合完成分系统的功能，这种通过分系统概念来划分卫星的功能模块，对卫星系统的管理在层次上更加清晰、明确。因此，在详细设计分系统的过程中，需要落实到单机级，即确定每台单机的功能要求、技术指标要求、接口要求。

第二，根据单机级要求，指导设备生产厂商的生产、调试测试及试验验证，或者指导设备的直接采购，在此阶段，会同步开展卫星系统结构详细设计、热控详细设计、力学和热学的仿真验证、结构机构部件的生产、卫星电缆网的设计及生产。

第三，对于由多台设备组成的分系统，需要在全部设备研制、测试、验证工作结束后，进行分系统的联试测试，以保证分系统级能够满足提出的技术指标要求，同时，验证分系统内部接口间的正确性。

卫星分系统设计阶段的主要目标：设计生产得到全部卫星系统上的设备、电缆、结构机构部件等产品，为下一步卫星系统的总装集成测试打下基础。分系统设计阶段包括产品的生产、调试测试、验证等工作，相对来讲是卫星系统在整个实施过程中最耗时的一个阶段，占整个项目实施周期的 50%～60%，工作繁重，对精细化程度要求高，但如果能够进行合理的任务分解，并落实到位，整个项目的周期和质量管理是能够保证的。

7.4 总装试验验证阶段

总装试验验证阶段是将全部卫星产品集成在一起，装配成一个完整的卫星系统，并对卫星系统根据预期的设计进行详细的功能性能测试及试验验证。

总装试验验证阶段的项目实施规划包括以下方面。

第一，卫星全部电子产品在装星前的调试测试。为了保证卫星全部设备和产品之间的功能性能及连接关系的正确性，需要在卫星装配之前，预先对卫星全部产品进行一次联试，有时被称为桌面联试。在这次联试中，需要对卫星设备之间的功能性能进行全面测试，发现问题后及时处理和修改。在联试前后，可以将卫星上的设备及产品与卫星的结构机构件进行一轮预装配，以验证设备及产品生产得到的机械接口的正确性。若有问题，可以在卫星装配前及时修改。

第二，卫星经过一轮全面的测试后，可以进行卫星装配。在卫星装配后，卫星需要进行至少两次全面的卫星功能及性能测试，包括对卫星部件产品功能性能的验证、分系统功能性能的验证，以及卫星飞行时序、工作模式的验证等，确保生产得到的卫星与预期设计的卫星是完全符合的。

第三，进行卫星环境验证试验，主要的卫星环境验证试验包括结构设计试验、热设计试验、EMC 试验及磁试验。

卫星总装试验验证阶段的主要目的：测试和验证生产得到的卫星系统与预期设计的功能及性能指标的符合性、测试和验证卫星系统是否完成卫星应用任务、验证卫星是否适应空间环境并保留一定的余量。卫星总装试验验证阶段也是一个非常耗时的阶段，占整个项目实施周期的 30%～40%。有时，为了缩短微纳卫星的生产周期，适当会压缩卫星的测试及试验时间，采用如组批生产的测试及试验模式，在保证卫星质量的前提下大大缩短卫星的研制周期。

7.5 正样卫星研制阶段

为了保证微纳卫星的质量及可靠性，沿用大卫星的研制模式，即在前面全部工作完成或部分验证工作完成确认没有问题后，投产研制一颗正样卫星来完成在轨飞行任务。正样卫星的研制周期往往比验证卫星短。在研制正样卫星的过程中，需要纠正全部验证卫星所发生的问题，保证正样卫星全部功能及性能的正确性。通常情况下，验证性卫星，也就是初样卫星所采用的元器件等级没有正样卫星的元器件等级高，这样可以降低研制成本，且不会影响对卫星功能及性能的验证。

研制正样卫星系统的过程包括卫星相关产品的生产、调试测试、试验，分系统的联试或直接进行卫星全部产品的联试测试，卫星的装配、测试，卫星的环境验证试验。

生产、测试、试验验证完成的卫星，等待装配火箭发射入轨。正样卫星的研制周期，可以根据系统总任务时间及卫星研制模式来进行合理分配，正样卫星虽然不涉及设计工作，但仍包括加工周期，所以，在时间花费上，不会比分系统设计阶段短很多。因此，如果卫星相对简单、功能完备、技术成熟度高，就可以分配相对较短的时间，否则，可以分配更长的时间。

7.6　在轨测试交付阶段

卫星虽装配测试完成，但是距离真正在轨使用，还需要经过在轨测试交付阶段。在轨测试交付阶段所要完成的工作主要包括以下内容。

第一，完成全部卫星研制工作的卫星，需要进行一次卫星出厂前的评审，对卫星的技术状态进行全面的梳理，总结卫星研制过程中的全部问题，再次分析并确认所有问题都已经解决或已经采取相关处理措施，卫星工程往往花费数额巨大，因此，每一个环节都需要落实到位，卫星技术状态的管理也非常严格，这样的评审和梳理，是保证卫星能够发射成功的重要环节。

第二，通过卫星出场评审的卫星，可以运往卫星发射基地，做卫星装配火箭前的准备，并装配火箭，等待火箭发射送入轨道。

第三，入轨后的卫星，还不能马上进行应用阶段，需要按照预先的应用设计进行在轨测试，验证卫星能够完成预期的应用目标，同时，在该阶段，会对卫星的状态进行一些设置，保证卫星能够长期、平稳、自主地运行。

第四，进行在轨测试并验证没有问题的卫星，可以真正地在轨进入运行阶段。

卫星在轨测试交付阶段的主要目的是完成卫星在在轨状态下的测试和验证，并投入使用。这个阶段的时间相对较短，可分配总项目周期的 5%～10%。有时，计算卫星的研制周期时，是以火箭装配卫星的时间作为最后研制时间，所以，在轨测试和交付的时间不计入总的卫星研制周期。

7.7　本章小结

为了保证卫星项目的顺利实施，需要全面了解卫星在每一个阶段的工作内容、主要目的，并为卫星项目的开展合理分配和规划时间。

本章给出了研制应用微纳卫星系统的项目实施规划方法，总结了在不同卫星研制模式下卫星系统的研制流程，详细介绍了每个研制环节中的基本工作内容、主要工作目标和工作时间安排，这可为卫星的研制进度安排提供参考依据，也可帮助全面了解卫星研制的工作流程安排，理解不同环节所需要承担的主要任务及每个环节在卫星研制中所起的不同作用。

卫星的研制离不开全流程的合理策划。研制进度的管控与保证，能够为卫星项目的顺利开展和按时交付，提供坚实的基础。

第8章

智能光学遥感微纳卫星展望

　　光学遥感微纳卫星作为空间技术的重要组成部分，在不断扩大人类所能够感知的维度和范围的同时，使卫星技术的应用更加经济、实用。

　　为了能够发挥光学遥感微纳卫星更大的作用及效能，从系统研制的角度和应用的角度，希望未来的光学遥感微纳卫星能够沿着"多、快、好、省"方向发展，并能够更智能、更高效、更融合。

　　① 成本更低廉：光学遥感卫星星座中卫星的数量，决定了卫星应用的重访周期，更低廉的成本能够支持在同等系统成本支出的条件下，发挥更大的效能，同时，更低廉的成本能够提高系统的应用成本，因此，低成本一直是卫星系统研制所追求的。

　　② 研制更快速：商用大规模的组网卫星对快速响应、批量化研制等提出了更高要求，基于货架式卫星研制模式、优化的卫星研制流程及生产模式能够助力卫星系统研制产业化进程。

　　③ 卫星更智能：卫星系统因测控弧度的限制，地面能够干预的时间往往有限，加速卫星系统智能化，能够对卫星系统本身的管理层面、卫星资源优化配置以及卫星载荷应用层面具有重要的技术推动作用，如卫星自主运行管理、自主健康监测及故障恢复、通信带宽节约、卫星在轨智能决策、目标判断等。

　　④ 效能更突出：在同等卫星资源的前提下，希望能够进一步提高星载比、提高卫星的姿态测量及控制精度、提高卫星系统计算能力等卫星平台的系统效能；进一步增加对地幅宽、提高地面分辨率等卫星载荷的系统效能。

　　⑤ 数据更融合：针对同一场景目标，多维度的数据能够提供更大的信息量，因此，如何实现在同一场景下，尽可能地获取多种类载荷所采集得到的数据，

然后通过信息融合生产出更为丰富的载荷数据产品,是未来光学遥感微纳卫星发展的重要方向。

更迫切的需求推动着技术的快速发展,技术的发展也逐步带动着应用范围的增加,空间技术需要前所未有的革新。

(1)人工智能技术助力空间技术发展

人工智能技术已经在悄然改变人类的生活方式,但尚未在空间技术的发展中占据重要角色。机器学习技术的成功应用为卫星智能化提供了重要的参考作用,解决了传统卫星系统设计及载荷数据应用中的诸多关键问题,如何能够更安全地将人工智能技术应用于卫星,将是智能化卫星发展的重要方向。

(2)可剪裁式航天软件工程发展

真正决定卫星系统功能、维持卫星运转的是卫星系统的软件,通过软件定义卫星,能够初步实现卫星的快速重构、多种应用任务的灵活支持。航天软件作为卫星系统的重要组成部分,也是一个重要工程项目,因此,可以从软件工程的角度出发,进一步增加航天软件的适用性、有效性、可修改性、可靠性、可维护性、可重用性、可移植性等,通过可剪裁的设计,提高软件的灵活程度,真正实现工程化的软件定义卫星。

(3)数字孪生结合 3D 打印定义新一代 AIT

数字孪生的定义是充分利用物理模型、传感器更新、运行历史等数据,集成多学科、多物理量、多尺度、多概率的仿真过程,在虚拟空间中完成映射,从而反映相对应的实体装备的全生命周期过程。通过数字化手段,能够在卫星研制过程中,建立数字化孪生卫星[138];通过全面的数字化、自动化的测试手段,能够有效缩短卫星研发周期,并结合 3D 打印技术,助力产业化卫星系统制造模式。

卫星系统以其快速的技术发展进程,有效加速了系统的研制周期、降低了系统的开发成本,使卫星实现了大规模的卫星组网,卫星网络的协同工作带来了卫星系统前所未有的工作效能。智能科技助力空间技术,卫星正逐步趋于更有"思想"、更具"智慧",未来,智能光学遥感微纳卫星一定能够为人类科技生活的进步带来更多惊喜。

参考文献

[1] 空间紫外光学遥感技术与发展趋势[J]. 中国光学与应用光学, 2009.

[2] 空间相机设计与试验[M]. 北京: 中国宇航出版社, 2003.

[3] 王林. 国外微纳卫星发展现状及对我国的启示[J]. 上海信息化, 2020(9): 52-55.

[4] 李懿德. 波兰微小卫星技术的崛起与发展[J]. 国际太空, 2018(3): 29-34.

[5] 云行. "珠海一号"遥感微纳卫星星座首发星[J]. 卫星应用, 2017(6): 78.

[6] 赵志明, 施思寒, 孙骥, 等. 希望-2 卫星及在轨应用[J]. 国际太空, 2016(3): 7-11.

[7] 陆震. 小卫星和微纳卫星应用现状与挑战[J]. 兵器装备工程学报, 2018, 39(6): 1-7.

[8] 傅丹膺, 周宇, 李洋. 通过平台载荷应用一体化技术创新实现微纳卫星精而强[J]. 国际太空, 2016(12): 82.

[9] 刘莹莹, 周军, 刘光辉, 等. 翱翔系列立方星的发展和展望[J]. 宇航学报, 2019, 40(10): 1115-1124.

[10] 石荣, 李潇, 邓科. 微纳卫星发展现状及在光学成像侦察中的应用[J]. 航天电子对抗, 2016, 32(1): 8-13.

[11] 赵军锁, 吴凤鸽, 刘光明, 等. 发展软件定义卫星的总体思路与技术实践[C]// 2018 软件定义卫星高峰论坛会议摘要集. 2018: 1.

[12] 李薇濛, 王楠楠, 陈建光. 国外软件定义卫星最新发展分析[J]. 中国航天, 2020(8): 45-47.

[13] 范唯唯. ESA 发射欧洲首颗对地观测人工智能卫星[J]. 空间科学学报, 2020, 40(6): 965.

[14] 周小康, 朱秋煜, 饶鹏. 基于 VR 微纳卫星的全景成像系统研究[J]. 电子测量技术, 2018, 41(5): 33-37.

[15] 闻新. 航天器系统工程[M]. 北京: 科学出版社. 2016.

[16] 朱振才. 微小卫星总体设计与工程实践[M]. 北京: 科学出版社. 2016.

[17] 曹海翊, 张新伟, 赵晨光, 等. 高分七号卫星总体设计与技术创新[J]. 中国空间科学技术, 2020, 40(5): 1-9.

[18] 尤政, 李冠华. 多学科设计优化方法在微纳卫星总体设计中的应用[J]. 中国航天, 2010(4): 36-38+40.

[19] 张宏宇, 韩波, 王啸虎, 等. 资源一号 02D 卫星总体设计与技术特点[J]. 航天器工程, 2020, 29(6): 10-18.

[20] 陈忠贵, 武向军. 北斗三号卫星系统总体设计[J]. 南京航空航天大学学报, 2020, 52(6): 835-845.

[21] QIAO J, WU C G. Design of a high-resolution compact optical system applied to micro-nano satellites[C]//International Conference on Optoelectronic and Microelectronic Technology and Application. 2020.

[22] SUN Z W, XU G D, LIN X H, et al. The integrated system for design, analysis, system simulation and evaluation of the small satellite[C]//Advances in Engineering Software. 2000: 437-443.

[23] FULLMER R, SCHILLING K. System design and attitude control analyses for the pico-satellite UWE-1[C]//IFAC Proceedings. 2004: 891-895.

[24] NAKASUKA S, SUGAWARA Y. SAHARA H, et al. System design and control aspect of a novel satellite concept "panel extension satellite (PETSAT)"[C]//IFAC Proceedings. 2008: 14048-14053.

[25] LI W, LI C S. A novel system parameters design and performance analysis method for Distributed Satellite-borne SAR system[C]//Advances in Space Research. 2012: 272-281.

[26] 傅丹膺, 周宇, 邹斌, 等. 面向遥感应用和空间环境探测的微纳卫星发展思考[J]. 卫星应用, 2018(5): 48-51.

[27] 王任享, 尹明. 对地观测微小卫星的发展现状及其应用[J]. 测绘通报, 1999(12): 20-22+33.

[28] 傅丹膺, 周宇, 满益云, 等. 面向空间云时代的微纳遥感卫星技术发展[J]. 国际太空, 2018(3): 23-28.

[29] 王冬冬, 刘德喜, 王莉莉, 等. 航天器测控频段应用现状与展望[J]. 遥测遥控, 2016, 37(6): 45-53.

[30] 韩晓虎, 李建海, 刘保华. GNSS 接收机信号捕获门限动态设置研究[J]. 电视技术, 2013, 37(9): 157-159.

[31] 袁春柱, 李志刚, 李军予, 等. 微纳卫星 COTS 器件应用研究[J]. 计算机测量与控制, 2017, 25(2): 156-159+163.

[32] 周徐斌. 卫星桁架结构技术综述[C]//2006 中国宇航学会飞行器总体专业委员 2006 年学术研讨会.

[33] GJB 1198. 6A-2004 中华人民共和国国家军用标准—航天器测控和数据管理 [S]. 第 6 部分: 分包遥测.

[34] GJB 1198. 7A-2004 中华人民共和国国家军用标准—航天器测控和数据管理 [S]. 第 7 部分: 分包遥控.

[35] Spacecraft onboard interface services: CCSDS 850. 0-G-2[S]. 2013.

[36] GJB 1198. 8A-2004 中华人民共和国国家军用标准—航天器测控和数据管理 [S]. 第 8 部分: 数据管理接口.

[37] 曾毅, 崔波, 汪洋海. 伽利略导航试验卫星电子系统设计概述[J]. 航天器工程, 2009, 18(1): 89-94.

[38] 张新伟, 戴君, 刘付强. 敏捷遥感卫星工作模式研究[J]. 航天器工程, 2011, 20(4): 32-38.

[39] 甘忠良, 白如顺. 卫星通信链路设计工程应用研究[J]. 通信技术, 2020, 53(7): 1684-1688.

[40] 李志国, 卫颖. 卫星通信链路计算[J]. 指挥信息系统与技术, 2014, 5(1): 73-76+82.

[41] 李文娜. 小卫星通信系统关键技术研究[D]. 南京: 南京航空航天大学, 2012.

[42] 詹盼盼, 曹雅婷, 张翠涛, 等. 卫星高功能密度综合电子系统设计[J]. 中国空间科学技术, 2020, 40(1): 87-93.

[43] 崔阳, 赵笙罡, 周文妹, 等. 一种高性能星载综合电子系统设计[J]. 现代电子技术, 2020, 43(12): 119-121+126.

[44] 李立, 刘会杰, 朱野, 等. 软件定义卫星的星上能源约束管理[C]//2019 软件定义卫星高峰论坛摘要集. 2019: 1.

[45] SALAZAR E, ALONSO A, GARRIDO J, et al. Mixed-criticality design of a satellite software system[C]//IFAC Proceedings. 2014: 12278-12283.

[46] 黄佳, 陈夏, 李宗德. 基于软件定义的微纳卫星综合电子设计与实现[J]. 现代电子技术, 2019, 42(2): 30-32+40.

[47] 沈奇, 韦杰, 纪丙华, 等. 低成本高可靠综合电子系统集成技术[J]. 航天标准化, 2020(2): 1-4.

[48] 冯田雨, 陈健, 王峰. 微纳卫星高性能综合电子系统设计[J]. 光学精密工程, 2020, 28(9): 2056-2064.

[49] 陈世淼, 倪淑燕, 廖育荣. 微小卫星综合电子系统综述[J]. 空间电子技术, 2020, 17(5): 82-87.

[50] LIU X M, YAN J, YIN Z B, et al. Design and implementation of a low-cost fault-tolerant on-board computer for micro-satellite[C]//2012 7th International ICST Conference on Communications and Networking in China (CHINACOM 2012). 2012: 129-134.

[51] 李日和. 微纳卫星高可靠星务计算机容错系统设计[D]. 南京: 南京理工大学, 2017.

[52] 钱晨. 基于 SystemC 的微纳卫星星载计算机建模和故障注入研究[D]. 南京: 南京理工大学, 2017.

[53] 宋丹, 杜刚, 田贺祥. 容错设计在微纳卫星上的应用[J]. 中国航天, 2007(12): 16-18.

[54] 杨磊, 刘鹏飞, 赵勇, 等. 微纳卫星星载设备管理方法[J]. 仪器仪表学报, 2014, 35(S2): 141-145.

[55] 吴探诗. 遥感卫星元数据自动生成软件设计与实现[J]. 北京测绘, 2020, 34(7): 944-947.

[56] 宋凯男, 黄巧亮. 基于STM32的3U立方星星务和姿态控制器设计[J]. 舰船电子工程, 2020, 40(3): 48-53.

[57] 邓兵, 韩笑冬, 宫江雷, 等. 一种应用逻辑模型的通用星务软件架构设计[J]. 航天器工程, 2020, 29(1): 54-60.

[58] 邓兵, 韩笑冬, 宫江雷. 通用化星务管理软件框架的设计与实现[C]//2018 软件定义卫星高峰论坛会议摘要集. 2018: 1.

[59] 赵成帅. 基于 CCSDS 标准的星务管理软件开发框架的研究与实现[D]. 北京: 北京邮电大学, 2017.

[60] 李树业. 基于 1553B 总线的星务仿真系统设计[D]. 长春: 中国科学院研究生院(长春光学精密机械与物理研究所), 2015.

[61] 刘赟, 左小川. 嵌入式软件在线升级系统的设计与实现[J]. 计算机测量与控制, 2015, 23(4): 1425-1427.

[62] 张景楠, 李华旺, 朱野. 基于星务计算机的系统软件架构设计[J]. 电子设计工程, 2014, 22(19): 11-13+17.

[63] 陈志明, 刘海颖, 叶伟松. "天巡一号"微小卫星星务故障管理设计[J]. 中国空间科学技术, 2014, 34(4): 79-83.

[64] 叶伟松, 陈志明, 刘海颖. 基于 VxWorks 的星务管理软件设计与在轨验证[J]. 计算机测量与控制, 2012, 20(12): 3387-3389+3396.

[65] 王平, 李华旺, 尹增山, 等. 嵌入式高可靠星务管理软件设计与验证[J]. 计算机工程, 2010, 36(14): 251-253.

[66] 王婷, 朱庄生. 星务管理软件框架设计与实现[J]. 系统仿真学报, 2010, 22(S1): 30-33.

[67] 廖明宏, 程光明, 吴翔虎. 小卫星星务管理软件的设计[J]. 哈尔滨工业大学学报, 2002(6): 753-756.

[68] 王平, 孙宁, 李华旺, 等. 小卫星星载容错计算机控制系统软硬件设计[J]. 宇航学报, 2006(3): 412-415.

[69] 王永恒, 廖明宏. 小卫星星载操作系统内核的设计[J]. 计算机工程, 2002(11): 111-113.

[70] 程光明, 廖明宏, 吴翔虎. 小卫星星载计算机及其外围设备的管理[J]. 哈尔滨工业大学学报, 2002(2): 201-203+210.

[71] 廖明宏, 吴翔虎, 程光明. 小卫星故障诊断与处理技术[J]. 上海航天, 2001(1): 2-6.

[72] 廖明宏, 吴翔虎, 程光明. 小卫星软件共用平台设计[J]. 计算机工程与设计, 2001(6): 28-33.

[73] BERTAUXL, MEDJIAH S, BERTHOU P, et al. Software defined networking and virtualization for broadband satellite networks[J]. IEEE Communications Magazine, 2015, 53(3): 54-60.

[74] 杨诗琦. 软件定义卫星网络架构设计研究[D]. 成都: 电子科技大学, 2016.

[75] LIU Y Y. Multi-mode computing optical imaging technology based on software definition micro-nano satellite[C]//Frankfurt. 2018.

[76] 崔宸赫, 宋诗斌, 王家豪, 等. 商业微纳卫星电源故障保护及恢复设计[J]. 电源技术, 2021, 45(2): 236-239.

[77] 傅丹膺, 满益云, 李瀛搏, 等. 微纳卫星光学有效载荷的发展机遇与挑战[J]. 航天返回与遥感, 2018, 39(4): 64-69.

[78] 梁德印, 安萌, 王啸虎, 朱海健. 资源一号 02D 卫星高光谱相机系统指标论证及总体设计[J]. 航天器工程, 2020, 29(6): 26-34.

[79] 张晓寒. 多模式卫星成像仿真系统研究与设计[D]. 长春: 吉林大学, 2020.

[80] 范斌, 陈旭, 李碧岑, 等. "高分五号"卫星光学遥感载荷的技术创新[J]. 红外与激光工程, 2017, 46(1): 16-22.

[81] 裴琳琳, 相里斌, 吕群波, 等. 超分辨卫星载荷光学系统杂散光抑制[J]. 光子学报, 2017, 46(11): 182-187.

[82] 李俊麟, 汪少林, 张黎明, 等. 光学遥感卫星杂散光扫描测试系统测控设计[J].

航天器环境工程, 2017, 34(2): 195-201.

[83] 闫伟, 党红杏, 李诗润, 等. 星载超轻量化 SAR 载荷技术[C]//第六届高分辨率对地观测学术年会论文集. 2019: 7.

[84] 杜康. 微纳卫星遥感相机光学系统紧凑化设计与杂散光分析[D]. 长春: 中国科学院大学(中国科学院长春光学精密机械与物理研究所), 2020.

[85] 邢艳秋. 空间微型光学载荷主结构优化设计与试验[J]. 红外与激光工程, 2018, 47(11): 333-339.

[86] 马烈, 陈波. 三维成像载荷共孔径光学系统设计[J]. 光学精密工程, 2018, 26(9): 2327-2334.

[87] WANG W L, LI C Y, TOLLNER E W, et al. Development of software for spectral imaging data acquisition using LabVIEW[J]. Computers and Electronics in Agriculture, 2012, 84.

[88] MINCHEVA Z, BLIZNAKOVA K. A software application for grating design dedicated to optical imaging: preliminary results[J]. Physica Medica, 2019, 68.

[89] 康旭辉, 连剑, 赵雪纲. 基于 SpaceVPX 架构的星上高速载荷数据实时处理平台设计[J]. 航天器工程, 2018, 27(4): 98-103.

[90] 孙伟, 钱勇, 李文峰, 陈占胜. 基于平台和载荷一体化敏捷光学卫星结构设计研究[J]. 制导与引信, 2018, 39(1): 44-50.

[91] 宋健, 贺庚贤, 葛欣宏. 空间光学有效载荷电磁兼容故障诊断[J]. 现代电子技术, 2018, 41(6): 74-78.

[92] 王忠素, 吴清文, 郭权峰, 等. 空间光学载荷探测器组件抗冲击隔振设计[J]. 光学精密工程, 2017, 25(8): 2098-2105.

[93] 杨秉新, 李博, 徐彭梅. 我国航天光学有效载荷现状与发展动态[C]//中国空间科学学会空间探测专业委员会第十九次学术会议论文集（上册）. 2006: 1.

[94] 谷松. 光学遥感小卫星平台与载荷结构一体化设计[C]//2013 年空间光学与机电技术研讨会会议论文集. 2013: 5.

[95] LI R, LUO L, LI J L, et al. Simulation of anisoplanatic imaging containing optical system parameters through atmospheric turbulence[J]. Optik, 2020, 204.

[96] 吴兴, 张霞, 孙雪剑, 等. SPARK 卫星高光谱数据辐射质量评价[J]. 遥感技术与应用, 2018, 33(2): 233-240.

[97] 何友, 姚力波, 李刚, 等. 多源卫星信息在轨融合处理分析与展望[J]. 宇航学报, 2021, 42(1): 1-10.

[98] 韩宇, 特日根, 胡坤, 等. 遥感数据在能源期货领域的应用[J]. 卫星应用, 2021(1): 32-39.

[99] 赵冉, 胡启后, 孙中平, 等. 天地一体化遥感监测大气污染技术进展[J]. 环境科学研究, 2021, 34(1): 28-40.

[100] 甘容, 陶洁. 遥感技术在我国水文学中的应用研究进展[J]. 水资源开发与管理, 2020(12): 51-56.

[101] ZHAO R K, LI Y C, MA M G. Mapping paddy rice with satellite remote sensing: a review[J]. Sustainability, 2021, 13(2) : 503-503.

[102] LI Y. Satellite remote sensing for estimating PM 2. 5 and its components[J]. Current Pollution Reports, 2021: 1-16.

[103] MULLA D. Trends in satellite remote sensing for precision agriculture[J]. Crops & Soils, 2020, 54(1) : 3-5.

[104] 李正强, 陈兴峰, 马龙夭, 等. 光学遥感卫星大气校正研究综述[J]. 南京信息工程大学学报: 自然科学版, 2018, 10(1): 6-15.

[105] 孟光等. 卫星微振动及控制技术进展[J]. 航空学报, 2015.

[106] 高分遥感卫星数据管理办法[S].

[107] NASA Data Processing Levels[S].

[108] 许洁平. 凝视光学成像卫星遥感图像超分辨率重建技术研究[D]. 长沙: 国防科技大学, 2017.

[109] JACOBSEN K. High resolution imaging satellite systems[C]//EARSeL Workshop on Remote Sensing Use of the 3rd Dimension for Remote Sensing Purposes. 2005.

[110] MURTHY K, SHEARN M, SMILEY B D, et al. SkySat-1: very high-resolution imagery from a small satellite[C]//Proceedings of Sensors, Systems, and Next-generation Satellites XVIII. 2014.

[111] 谭政, 相里斌, 吕群波, 等. CX-6(02)微纳卫星超分辨率成像[J]. 遥感学报, 2019, 23(2): 196-204.

[112] 孙旭, 李晓光, 李嘉锋, 等. 基于深度学习的图像超分辨率复原研究进展[J]. 自动化学报, 2017, 43(5): 697-709.

[113] 李维, 刘勋, 张维畅, 等. 深度学习在天基智能光学遥感中的应用[J]. 航天返回与遥感, 2020, 41(6): 56-65.

[114] HARRISON L R, LEGLEITER C J, OVERSTREET B T, et al. Assessing the potential for spectrally based remote sensing of salmon spawning locations[J]. River Research and Applications, 2020, 36(8).

[115] CARRASCOSA M, JAVIER F. UAS-remote sensing methods for mapping, monitoring and modeling crops[J]. Remote Sensing, 2020, 12(23).

[116] LIU P. A survey of remote-sensing big data[J]. Frontiers in Environmental Science,

2015.

[117] 王旭, 都晓辉, 陈昌麟, 等. 机器学习在卫星遥测分析建模中的应用[J]. 计算机测量与控制, 2021, 29(1): 210-214.

[118] 庄家礼, 张涛. 卫星工程总体设计导论[J]. 国际太空, 2019(12): 26-32.

[119] 李丽琼, 曾春平, 吕高见. 小卫星 AIT 流程简化探讨[J]. 航天器工程, 2015, 24(1): 120-125

[120] GJB 2204A-2005 中华人民共和国国家军用标准—卫星总装通用规范[S].

[121] 杨勇, 杨晓宁. 微纳卫星快速试验验证策略研究[J]. 环境技术, 2018(S1): 123-129.

[122] 闫勇, 刘程晓, 郭金生, 等. 微纳卫星虚拟装配与试验[C]//2017 年空间机电与空间光学学术研讨会论文集. 2017: 11.

[123] 杨晓宁, 杨勇, 王晶, 等. 面向低成本微纳卫星的快速试验体系研究[J]. 航天器环境工程, 2016, 33(1): 13-20.

[124] 焦维新. 国外空间环境试验与探测技术现状与发展趋势[J]. 航天器环境工程, 2008(3): 212-214+197.

[125] 徐婧, 邢斯瑞, 刁国影, 等. 商业卫星自动化测试平台设计与实现[J]. 电子技术应用, 2020, 46(7): 78-83.

[126] 高括, 刘会杰, 刘磊, 等. 批量卫星流水线自动化测试系统研究[J]. 计算机测量与控制, 2020, 28(8): 13-17.

[127] GJB1027-90 卫星环境试验要求[S].

[128] 王晓耕, 俞伟学. CAST2000 平台小卫星环境试验[J]. 装备环境工程, 2008, 5(6): 56-59+71.

[129] 郑侃, 廖文和, 张翔, 等. 微小卫星动力学环境试验技术及试验数据分析[J]. 航天器环境工程, 2010, 27(3): 328-331.

[130] 陈靖. 天巡一号微小卫星正样星结构设计与力学环境试验研究[D]. 南京: 南京航空航天大学, 2012.

[131] 闫勇, 姚劲松. 光学小卫星振动夹具设计及动特性分析[J]. 红外与激光工程, 2014, 43(S1): 43-48.

[132] 郭强. 低温真空环境试验平台控制系统研究[D]. 哈尔滨: 哈尔滨工程大学, 2016.

[133] 刘中华. 热真空试验标准与方法分析[J]. 电子产品可靠性与环境试验, 2016, 34(4): 16-20.

[134] 崔相臣. 关于卫星 EMC 设计和试验的几点思考[J]. 无线互联科技, 2014(6): 123-124.

[135] 齐燕文. 卫星磁试验设备和磁试验技术[J]. 环模技术, 1998(2): 29-39.

[136] 徐超群, 易忠, 王斌, 等. 航天器磁环境试验研究进展[J]. 国际太空, 2018(3): 60-64.

[137] GJB 7679-2012 航天器磁设计及磁试验方法[S].

[138] 刘蔚然, 陶飞, 程江峰, 等. 数字孪生卫星: 概念、关键技术及应用[J]. 计算机集成制造系统, 2020, 26(3): 565-588.